ROBERT DE LA RIVE BOX

Cadillac
Der amerikanische Traumwagen

V.I.P.

EIN WORT DES DANKES

Es wäre schwierig
gewesen,
dieses Buch ohne
Unterstützung
durch engagierte
Autoliebhaber
zusammenzustellen.
So möchte ich
den folgenden Personen
für ihre unschätzbare
Hilfe danken.
In alphabetischer
Reihenfolge sind dies:
Harry Albrecht
Othmar Batschelet
Albrecht Guggisberg
Rick Lenz
Reinhard Lintelmann
Koni Lutziger
Bill O'Neill
von Cadillac Motors in
Detroit
Claire de la Rive Box
Susanne Suter
Jean-Claude Villard
von der
General Motors Suisse AG
Rudolf Zuber

Dieser Band erscheint in der Reihe V.I.P. motor
V.I.P. ist ein Imprint der Paul Zsolnay Verlag Ges.m.b.H., Wien

Originalausgabe

Titelgestaltung: VPM, Rastatt
Titelfoto: Mauritius
Textbearbeitung: Manfred Brocks, Hans-Karl Lange
Druck und Bindung: VPM, Rastatt
Printed in Germany 1993
ISBN: 3-552-05101-5

Inhalt

90 Jahre Cadillac ... 4
Bei General Motors ... 6
Die erstenV8-Motoren ... 8
Der V16- und der V12-Motor ... 10
Die Cadillacs der Nachkriegsjahre und ihre Heckflossen ... 16
Das Rennen um Pferdestärken ... 22
Eldorado Brougham contra Lincoln Mark II ... 26
Der Eldorado mit Vorderradantrieb ... 34
Seville: So klein ein Cadillac eben sein kann ... 42
Das Ende der Giganten ... 44
Ein Cadillac mit Dieselmotor ... 48
Der Eldorado der dritten Generation ... 50
Frontantrieb auch beim Seville ... 52
„Cimarron by Cadillac" ... 58
Und schon wieder ein neuer V8-Motor ... 60
Siegeszug der Elektronik ... 62
Der Fleetwood Sixty Special ... 66
Allanté ... 68
Ein neuer Eldorado ... 76
Die Cadillac-Szene, Produktionszahlen von 1902-1991 ... 80

90 Jahre Cadillac

Henry Martyn Leland ließ sich mit 47 Jahren als selbständiger Fabrikant in Detroit nieder. 1843 in Vermont geboren, hatte er als Waffenschmied – unter anderen bei Springfield Arsenal und Samuel Colt – gelernt, was Präzision bedeutet. 1890 gründete Leland in Detroit mit zwei Partnern die „Leland Faulconer and Norton Company". Deren Hauptprodukte waren Spezialwerkzeuge. Bald kamen Zahnräder und Bootsmotoren dazu, und die Firma erwarb sich einen sehr guten Ruf als Gießerei.

1901 erhielt das Unternehmen – es nannte sich inzwischen nur noch „Leland and Faulconer" – von Ransom E. Olds den Auftrag, einen Motor für sein Oldsmobile herzustellen. Der Einzylinder leistete 3,7 PS und war so sorgfältig konstruiert, daß er seinen Herstellern einen Auftrag von 2.000 Exemplaren einbrachte.

1899 hatten vier Geschäftsleute, – Clarence Black, William Murphy, Lem Bowen und Anthony White, – in Detroit die „Detroit Automobile Company" gegründet. Als technischen Direktor stellten sie Henry Ford ein. Der hatte einen Zweizylindermotor entwickelt, der bei Leland and Faulconer fabriziert wurde. Es dauerte zwei Jahre, bis das erste Auto die Detroit Automobile Company verließ. Nur einige Wagen wurden gebaut – zu wenige, um Rendite zu bringen. Die Direktoren entschlossen sich 1902, die Fabrik zu schließen. Henry und sein Sohn Wilfred Leland wurden gebeten, ein Gutachten über den Betrieb zu erstellen. Gleichzeitig mit den vorgelegten Zahlen, die davon abrieten, die Fabrik zu schließen, offerierten Vater und Sohn der Firma einen neuen Motor. Der hatte dreimal mehr Leistung als der damals berühmte Olds-Motor, kostete jedoch weniger. Man akzeptierte das Angebot und wählte Henry Leland in den Verwaltungsrat. Es wurde beschlossen, ein neu konstruiertes Auto unter einem anderen Firmennamen auf den Markt zu bringen. Leland und seine Partner gaben der Firma auch einen neuen Namen: Nach dem Begründer der Stadt Detroit, Antoine de la Mothe Cadillac, einem französischen Entdecker, der sich 1701 an dieser Stelle niedergelassen hatte, sollte sie fortan Cadillac heißen. Auch das Wappen der Marke geht auf den europäischen Edelmann zurück. Die „Cadillac Automobile Company" stellte die Chassis und Karosserien für die neuen Wagen her, während sich Leland and Faulconer für die mechanischen Teile wie Motoren, Lenkungen und Getriebe verantwortlich zeigten. Die Produktion lief im September 1902 an, und das erste Auto war einige Wochen später, am 17. Oktober, fertig. Noch im selben Jahr wurden insgesamt drei Wagen vom Typ A produziert. Zwei wurden verkauft, der dritte wurde im Januar 1903 auf der New York Automobile Show ausgestellt. Neunzig Jahre später streiten die Auto-Historiker immer noch darüber, ob dieser erste Cadillac von Leland oder noch von Henry Ford, der sich 1902 von der Firma verabschiedete, entworfen worden ist.

Auf der New Yorker Show war der Cadillac der große Star. Schon nach einigen Tagen konnte Verkaufschef William Metzger keine Bestellungen mehr annehmen. Er hatte mehr als 2.000 Autos verkauft und Anzahlungen von 10 Dollar je Wagen akzeptiert. Das kleine Werk war völlig ausgelastet, ja sogar überlastet. Die Motoren und mechanischen Teile wurden pünktlich geliefert, aber bei Cadillac konnten – auch mit Nachtschichten – nicht genügend Chassis und Karosserien hergestellt werden. Black, Murphy, Bowen und White verloren den Spaß an Cadillac und verkauften ihre Anteile an Leland and Faulconer. So entstand Ende Dezember 1904 die „Cadillac Motor Car Company".

1952 fuhr der berühmte Rennfahrer Stirling Moss bei der London-Brighton-Rallye als Gast in einem Cadillac von 1903 mit. Am Lenkrad Fred S. Bennett, der den Wagen einst neu nach England importiert hatte (rechts). Neunzig Jahre jünger ist der Cadillac Sedan Deville aus dem aktuellen Modellprogramm der Marke (links).

YU1974
CADILLAC
V.C.C.
1903
CADILLAC
VETERAN
CAR RUN
139
MUU 174

Bei General Motors

Im Januar 1904 kam der Cadillac, Modell B, auf den Markt. Er besaß den gleichen 8-PS-Einzylindermotor wie sein Vorgänger, aber diesmal war der Chassisrahmen aus Stahlblech gepreßt. Auch dieses Modell ließ sich sehr gut verkaufen. Die Bestellungen häuften sich. Doch mehr als 1.500 Anzahlungen mußten zurückgezahlt werden, als technische Probleme die Produktion für 45 Tage lahmlegten. Trotzdem konnten 1904 immerhin 2.500 Autos ausgeliefert werden.

Das Fahrgestell eines Einzylinder-Cadillac von 1904.

Das Modell C erschien 1905 als preisgünstigere Variante zum Modell B, doch immer noch mit dem Einzylindermotor. Inzwischen experimentierte man bei Cadillac mit größeren Motoren, und so kam 1905 das Modell D – als erster Amerikaner mit einem Vierzylindermotor – auf den Markt. Auch das Getriebe war neu. Es hatte drei statt zwei Vorwärtsgänge. 1907 führte Cadillac die Standardisierung von Teilen ein. Das war eine Weltneuheit, denn nun konnten die Vertreter exakt passende Ersatzteile bestellen.

1903 hatte Fred Stanley Bennett einen ersten Cadillac nach England importiert. Er meldete sich damit für ein Bergrennen an, um der Marke Cadillac auch in England Bekanntheit zu verschaffen. Bennett gewann das Rennen, und es folgten noch viele andere, in denen er mit dem Einzylinderwagen siegte. Inzwischen war er offizieller Cadillac-Importeur geworden. Als dann 1907 die Möglichkeit bestand, standardisierte Ersatzteile zu bekommen, wollte Bennett das durch einen spektakulären Stunt auch in England bekanntmachen. Drei Neuwagen des Typs K wurden von London zur Brooklands-Rennstrecke gefahren, wo sie ein paar Runden drehten. Nach 75 gefahrenen Kilometern wurden die drei Autos unter den Augen des damals schon mächtigen RAC (Royal Automobile Club) komplett zerlegt. Unter den vielen Teilen wählten die Organisatoren 98 aus, die Bennett durch neue aus seinem Lager in London ersetzen mußte. Die Wagen waren trotzdem innerhalb kürzester Zeit wieder aufgebaut und drehten ihre Ehrenrunden. Von dieser Leistung stark beeindruckt, verlieh der RAC Bennett die Dewar-Trophäe, eine jährliche Anerkennung für eine besondere automobiltechnische Leistung.

An den bestehenden Modellen wurden kleinere und größere Verbesserungen durchgeführt. Doch es entstand auch das neue Modell L von 1906. Mit dem „L" betrat Cadillac die Luxusklasse. Zum ersten Mal konnte ein Modell auch als siebensitzige Limousine bestellt werden. Mit 5.000 Dollar war diese jedoch sehr teuer: Bei Oldsmobile war 1906 ein „Curved Dash" schon für 650 Dollar zu haben.

William C. Durant gründete am 16. September 1908 die „General Motors Company". Bereits im November desselben Jahres kaufte er Buick und Oldsmobile dazu, 1909 folgten Oakland und Cadillac. Durant brauchte Cadillac als Aushängeschild und akzeptierte den Preis von 4,5 Millionen Dollar. Es war die größte Transaktion, die bis dahin in Detroit erfolgt war. Und wieder erhielt Cadillac einen neuen Namen. Ab sofort sprach man von der „Cadillac Motor Car Division" von General Motors.

Bereits im Dezember 1908 wurden die neuen Cadillac-Modelle für 1909 vorgestellt. Vor allem das Modell 30 hinterließ einen starken Eindruck. Es war ein preisgünstiger Wagen mit einem Vierzylindermotor, der als Roadster-Touring und als Coupé angeboten wurde.

Amerikanische Autos waren immer als offene Fahrzeuge geliefert worden, bis Cadillac 1910 das Modell 30 als Limousine offerierte. Das Auto wurde gern gekauft, und so konnte Cadillac das Jahr 1910 mit einer Produktion von über 8.000 Wagen abschließen. Cadillac schrieb 1912 erneut Geschichte, als es seine Produkte mit einer elektrischen Anlage auf den Markt brachte, die nicht nur Beleuchtung und Zündung, sondern auch den Anlasser umfaßte. Charles Kettering hieß der Ingenieur, der diese Neuigkeit für GM erfunden hatte. Und selbstverständlich war es die Nobelmarke Cadillac, die zuerst davon profitieren durfte.

Charles Kettering war der Mann, der für General Motors einen elektrischen Anlasser erfand. Der wurde ab 1912 in jeden Cadillac eingebaut. Während des Ersten Weltkrieges baute Cadillac neben Flugzeugmotoren auch Militärfahrzeuge.

OHIO
8986
513

Die ersten V8-Motoren

1905 war Cadillac die erste amerikanische Marke gewesen, die einen Vierzylindermotor im Programm hatte. Der V8-Motor von 1915 bedeutete eine weitere Pionierleistung. Die Konkurrenten Packard, Peerless und Pierce-Arrow wechselten von Vier- auf Sechszylindermotoren, aber diese Zwischenphase hat Cadillac nie mitgemacht. 1915 war der V8-Motor an sich nichts Besonderes mehr. Schon 1903 hatte Clement Ader in Frankreich einen solchen Motor gebaut, und 1905 war bei Rolls-Royce der „Legalimit" mit V8-Motor hergestellt worden. Diese Wagen wurden jedoch nie in größeren Stückzahlen verkauft und waren fast mit Prototypen vergleichbar.
Bei Cadillac sah man das anders; man baute den V8-Motor für die Zukunft. Die Zeit des Vierzylinders war für Cadillac endgültig vorbei. Mit dem Modell 51 – es war in 10 Karosserievarianten lieferbar – fing für die Firma ein neues Zeitalter an. Der 5,1-Liter-Motor hatte eine Leistung von 70 PS bei 2.400 Umdrehungen und war somit

1914 bot Cadillac offene Wagen für vier, fünf oder sieben Personen an.

Der amerikanische General John Pershing fuhr diesen Cadillac nach dem Ersten Weltkrieg in Frankreich.

der stärkste Produktionsmotor der amerikanischen Automobilindustrie.
Am 6. April 1917 trat Amerika in den Ersten Weltkrieg ein. Der patriotische Leland schlug Durant vor, ein Produktionsband für den Bau von Flugzeugmotoren einzurichten. Als ihm das verweigert wurde, kehrten Vater und Sohn Leland Cadillac den Rücken und bauten eine neue Fabrik für Flugzeugmotoren auf. Nach dem Krieg stiegen sie wieder auf Autos um, die 1921 unter dem Namen „Lincoln" auf den Markt kamen. Aber auch Cadillac schaltete noch auf die Produktion von Flugzeugmotoren und Militärfahrzeugen um.
1920 – zwei Jahre nach Kriegsende – setzte Cadillac bereits wieder 19.628 Zivilfahrzeuge ab. Zwei Jahre später wurde zum ersten Mal die 20.000-Stück-Grenze deutlich überschritten: 26.296 Exemplare vom Modell 61 fanden Käufer. Der Kunde hatte die Wahl zwischen zwölf verschiedenen Karosserie-Varianten. Am billigsten war ein zweitüriger Roadster für 3.790 Dollar, am teuersten das Town Landaulet, das mehr als 5.000 Dollar kostete. Ein Chevrolet stand damals für 495 Dollar in der Preisliste.
1923 wurden bei Cadillac Vierradbremsen eingeführt. Ein Jahr später verwendete die Marke als erste die schnell trocknenden und deshalb zeitsparenden Duco-Lackfarben.
Im März 1972 erschien ein preisgünstiger Cadillac unter dem Namen „La Salle". Davon wurden schon im ersten Jahr mehr als 10.000 Stück verkauft. Der La Salle war das erste amerikanische Auto, das komplett von einem Stylisten gezeichnet und entworfen worden war. Der Zeichner hieß Harley Earl. Er hatte sich in Kalifornien einen großen Namen als Entwerfer von Spezialkarosserien gemacht und war dann in die Dienste von Cadillac getreten. Schon bald verfügte Earl über eine eigene Abteilung, die „Art & Colour Section", später umgetauft in „Styling Section".
Die Cadillac des Baujahres 1928 hatten schon ein synchronisiertes Getriebe, was das Schalten sehr vereinfachte. Die Autos von 1929 fielen durch ihre verchromten statt vernickelten Teile auf, eine Besonderheit, die von der Konkurrenz schnell kopiert wurde.

Der V16- und der V12-Motor

Das V16-Town-Coupé von Cadillac aus dem Jahr 1931

Bei Fleetwood entstand dieser sportliche Zweisitzer. Unter der Haube flüstert der V16-Motor (links). Nachdem Designer Harley Earl das Theaterstück „Madame X" gesehen hatte, entwarf er eine kleine Serie luxuriöser V16-Limousinen mit diesem Namen (rechts).

Ein V16-Towncar von 1931. Das „Geflecht" wurde in mühsamer Handarbeit mit dem Pinsel aufgetragen (links). „Madame X" wurde nur als siebensitzige Limousine mit Trennwand geliefert (rechts).

Mitte Dezember 1929 wurden die wichtigeren Cadillac-Kunden eingeladen, sich am 4. Januar 1930 im New Yorker Hotel Astor einen neuen Wagen anzusehen. Einen Namen hatte er nicht, man nannte ihn einfach „Cadillac V16" – ein deutlicher Hinweis, daß das neue Modell mit einem V16-Motor bestückt war. Dieses Maximum an Luxus war als Rolling Chassis erhältlich oder mit einer Karosserie von Fleetwood, der 50 verschiedene Varianten in einer Preisspanne von 5.350 bis 15.000 Dollar in seinem Katalog anbot. Der Motor hatte einen Hubraum von 7400 cm^3 und eine Leistung von 185 PS bei 3400 Umdrehungen. Trotz des hohen Preises und der sich schon ankündigenden Wirtschaftskrise, die dem Börsenkrach von 1929 folgte, ließ sich das Auto gut verkaufen. Schon nach vier Monaten waren 1.000 Exemplare ausgeliefert. Drei Jahre hatte man bei Cadillac an dem Motor gearbeitet, bis er produktionsreif war. Aber der Aufwand hatte sich gelohnt: Der größte Konkurrent, Packard, der schon einige Jahre auf dem Gebiet der Prestigewagen führend war, mußte einige seiner Kunden

Aus der 62er-Serie kamen 1940 die günstigsten Angebote von Cadillac (links). General Dwight D. Eisenhower fuhr während des Krieges verschiedene Cadillac. Hier sieht man ihn am 8. September 1944 auf der Avenue des Champs Elysées in Paris mit einem Modell von 1938 (rechts).

Gordon Buehrig entwarf dieses „Aerodynamic Coupé" auf einem V16-Fahrgestell für die Weltausstellung 1933 in Chicago.

Die Serie 72 wurde nur 1940 gebaut, in einer Auflage von gerade 1.526 Exemplaren.

an Cadillac abgeben. Elf Jahre lang – bis 1940 – blieb der V16 in Produktion. In dieser Zeitspanne wurden trotz des guten Starts nur 4.403 Exemplare verkauft, so daß das Modell heute zu den sehr gesuchten Liebhaberwagen gehört.

Kaum hatte sich die Autowelt von der V16-Überraschung erholt, kam Cadillac im Oktober 1930 mit einem neuen Hit auf den Markt – einem sechs Liter großen V12-Motor. Cadillac hatte nun den Reichen und den Superreichen einiges zu bieten: den La Salle V8, den Cadillac V8 in seinen vielen Ausführungen, den V12 und schließlich den V16. Aber die Depression wurde immer schlimmer, und deshalb verkaufte auch Cadillac immer weniger seiner teuren Automobile. 1929 hatte man von der gesamten Produktion noch mehr als 36.000 Wagen abgesetzt, 1930 waren es 22.500, 1931 15.000, 1932 9.000 und 1933 gerade noch 6.736. Dann war die Talfahrt zu Ende. Die Verkaufszahlen verdoppelten sich, bis sie 1941, dem letzten kompletten Vorkriegsjahr, mit 59.572 Stück ihren Höhepunkt erreichten.

FORD
U.S.A.
1824796

Die Nachkriegsjahre und ihre Heckflossen

Ein makellos restauriertes Convertible-Coupé der Serie 62 aus dem Jahr 1941.

MIL A 5
KB Z

1942 feierte Cadillac mit neuen Modellen seinen 40. Geburtstag, und die Kundschaft feierte mit. Neue Kühlergitter und langgestreckte Kotflügel waren die äußerlichen Merkmale für die 42er Wagen, die ab September 1941 vom Band kamen. Alle Wagen waren mit dem 150-PS starken V8-Motor ausgerüstet, die Bremsen sowie die Belüftung waren verbessert worden.

Mit seinen Heckflossen löste Harley Earl einen wahren Boom aus. Das Modell 61 Club-Coupé war 1948 mit 2.728 Dollar das billigste Angebot von Cadillac.

Am 7. Dezember 1941 vernichteten die Japaner einen Teil der amerikanischen

Im Oktober 1945 konnte Cadillac die ersten Nachkriegswagen ausliefern, alle mit viertüriger Sedan-Karosserie. Das Armaturenbrett des 1946er Cadillac (rechts).

Kriegsflotte in Pearl Harbor. Kurz danach beteiligte sich die USA auf der Seite der Alliierten militärisch am Zweiten Weltkrieg. Schon 1939 hatte Cadillac im Auftrag der Regierung Kriegsmaterial hergestellt. 1941 produzierte das Unternehmen in drei Arbeitsschichten Continental-Motoren für Panzer. So ergaben sich für das Werk keine großen Umstellungen, als ab dem 4. Februar 1942 keine Personenwagen mehr gebaut wurden. Nur 16.511 Autos des Modelljahres 1942 wurden hergestellt. Die letzten 2.150 Exemplare erkennt man an den schwarz lackierten Stoßstangen und Zierleisten. Chrom war rar geworden und mußte in kriegswichtigen Bereichen wie dem Flugzeugmotorenbau verwendet werden.

Nur einige Wochen nachdem die letzten Personenwagen vom Band gerollt waren, verließen die ersten Panzer die Fabrik. Insgesamt lieferte Cadillac 12.230 Militärfahrzeuge ab, bevor am 17. Oktober 1945 wieder der erste Personenwagen der Nachkriegszeit fertiggestellt war. Mehr als 100.000 Bestellungen hatten sich bei Cadillac angesammelt, aber bis Ende 1945 konnten nur 1.142 Kunden bedient werden. Die Wagen, die ausgeliefert wurden, kamen natürlich aus dem Modelljahr 1946, auch wenn sie sich nur in kleinen Details von ihren Vorkriegsbrüdern unterschieden. Der Kunde akzeptierte, was ihm geboten wurde, und war schon froh, wenn er seinen alten Wagen eintauschen konnte.

Bei General Motors hatte man Tausende automatischer Getriebe für Panzer produziert. Diese „Hydra-Matics" wurden nun, nachdem sie ihre Kinderkrankheiten im Krieg auskuriert hatten, in die neuen Cadillac eingebaut. Die ersten 46er Cadillac waren alle viertürig und vom Typ 62. Schon nach einigen Monaten konnte die Firma ihr Angebot vergrößern und elf Modelle in vier Serien offerieren. Der preisgünstigste 61er wurde als viertürige Limousine oder zweitüriges Coupé angeboten. Diese beiden Modelle fand man auch in der 62er-Serie, die zusätzlich als Cabrio angeboten wurde. Der „Fleetwood Sixty Special" kam nur als Viertürer auf den Markt, und der „Fleetwood 75" wurde als Fünf-, Sieben- oder Neunsitzer angeboten. Auch 1947 war noch für jeden Autohändler ein Traumjahr. Er konnte verkaufen, was die Fabrik ihm lieferte, und tat es oft

zu stark überzogenen Preisen. Für Cadillac war die große Nachfrage ein Grund, die Wagen praktisch unverändert weiterzubauen. Immer noch befand sich der schon 1936 entwickelte 5,7 Liter große V8-Motor unter der Haube, und dessen 150 PS genügten, um den fast zwei Tonnen schweren Wagen auf eine Höchstgeschwindigkeit von 150 km/h zu bringen. 1947 produzierte Cadillac zum ersten Mal mehr als 100.000 Fahrzeuge. Damit war Erzrivale Packard geschlagen. Bis Mitte Januar 1948 blieb der Cadillac des Modelljahres 1947 in Produktion, wurde dann aber durch ein neues Auto ersetzt, das Geschichte schreiben sollte.
Als Harley Earl, General Motors' wohl berühmtester Designer, sich 1941 einen P8-„Lightning"-Jagdbomber ansah, war er von dessen Schwanzkonstruktion so beeindruckt, daß er sie in seinen nächsten Entwurf integrierte. Die Heckflosse war geboren, und nicht einmal Earl konnte voraussehen, welch wahnsinnigen Modegag er da kreiert hatte. Die Flossen wuchsen und wuchsen bis 1959, um dann wieder zu verschwinden. Die ersten Heckflossen waren kleine Erhöhungen auf den hinteren Kotflügeln des neuen Wagens. Nur die kleineren Cadillac erhielten diese neue Karosserie, die größeren 75er-Modele wurden unverändert mit einem konservativen Aufbau weitergebaut.
Ein neuer Motor, nun mit hängenden statt stehenden Ventilen, war die größte Neuigkeit für 1949. Der V8 war 85 kg leichter als sein Vorgänger und hatte einen Hubraum von 5.422 cm^3 mit einer Leistung von 162 PS bei 3.800 Umdrehungen.
Packard hatte 1947 seinen einmillionsten Wagen abliefern können, bei Cadillac erreichte man diesen Meilenstein am 25. November 1949. Das Jubiläumsauto war ein Coupé de Ville Hardtop Convertible, Modelljahr 1950, eine Coupéform, die Mitte 1949 für die Serie 62 eingeführt worden war und von der 2.150 Stück verkauft werden konnten.
Das Biegen eines Stückes Glas war eine Kunst, die man erst Ende der vierziger Jahre beherrschte, und so erschien der Cadillac Modelljahr 1950 zum ersten Mal mit einer einteiligen, gebogenen Windschutzscheibe. Aber auch sonst waren die Wagen nicht mehr mit ihren Vorgängern zu verwechseln, denn Chrom war nun gleich kiloweise an die Karosserie geschraubt worden. Doch das entsprach dem Geschmack der Amerikaner: Sie kauften mehr als 100.000 Cadis.
Das Cadillac-Angebot setzte sich 1950 aus vier Basis-Serien zusammen. Die preisgünstigste Serie war die 61er, dann kam die 62er, die etwas mehr Chrom und ein gediegeneres Interieur hatte. Ein größeres Modell war der „60 Special Fleetwood", das Paradepferd der 75 Fleetwood, eine Limousine mit Platz für sieben Personen. Die 61er- und 62er- Modelle waren noch relativ kompakte Wagen. Sie hatten einen Radstand von 320 Zentimeter, eine Länge von 548 Zentimeter, eine Breite von 204 Zentimeter und eine Höhe von 159 Zentimeter. Das Leergewicht betrug trotzdem 1.940 Kilo, und wenn mit der Höchstgeschwindigkeit von 150 km/h gefahren wurde, betrug der Benzinverbrauch auf 100 Kilometer fast 30 Liter.
Im Juni 1950 wurden die USA in den Koreakrieg verwickelt, bei Cadillac verließen wieder Panzer das Werk. Der Cadillac der Serie 61 wurde 1950 zum letzten Mal verkauft. Er kostete nur etwas mehr als eine teure Ausführung des Oldsmobile oder Buick, was dem Image des Cadillac nicht guttat, der doch die oberen Bevölkerungsschichten ansprechen sollte. Die Wagen des Modelljahres 1951 waren, abgesehen von einem kleinen Facelift, identisch mit denen von 1950, und auch 1952 konnten äußerlich keine großen Veränderungen festgestellt werden. Auf der mechanischen Seite tat sich doch einiges, denn zum Jubiläum – Cadillac konnte seinen 50. Geburtstag feiern – wurde ein stärkerer Motor eingebaut. Bis dahin hatte sich der Kunde mit 162 PS zufriedengeben müssen, nun stieg die Leistung durch einen Rochester-Quadra-Jet-Vierfachvergaser auf 192 PS.
Harley Earl, Chefdesigner von General Motors, der so viel für Cadillac getan hatte, war nicht nur für die Heckflosse verantwortlich. Auf sein Konto ging auch die Panorama-Windschutzscheibe, die 1951 zuerst in einem Prototyp gezeigt wurde. 1953 wurde die Scheibe zum ersten Mal auch in einen Produktionswagen, den Cadillac Eldorado, eingebaut. Der Eldorado war der teuerste Wagen, den Cadillac bis dahin hatte. Er bot jede denkbare Ausstattung bereits in der Standardausführung an. Das Chassis war tiefer gesetzt und stand auf richtigen Speichenrädern. Das Interieur – der Eldorado war nur als Cabrio erhältlich – war mit echtem Leder bezogen, und das Verdeck, das sich elektrisch öffnen ließ, verschwand unter einer metallenen Abdeckplatte. Mit 7.750 Dollar war der Eldorado 3.600 Dollar teurer als ein Cabrio der 62er-Serie. Es wurden nur 532 Stück verkauft.

Für die jährliche General-Motors-Ausstellung „Motorama" entwarf Harley Earl (im Wagen) 1951 den Le Sabre. Die modische Panorama-Windschutzscheibe wurde später von vielen Autofahrern verflucht.

Mit 3.523 Dollar war das abgebildete Cabriolet von 1949 das teuerste Modell der 62er-Serie (oben). 1953 erschien der Cadillac Eldorado (links). Er war das teuerste Cabriolet der Firma.

Die Carrozzeria Ghia in Turin baute 1953 diese Spezialanfertigung für den König von Saudi-Arabien. Das Eldorado-Chassis war verlängert und die Chromteile waren vergoldet worden.

Das Rennen um Pferdestärken

Das PS-Wettrennen hatte inzwischen seinen Anfang genommen, und die Cadillac-Fahrer konnten 1953 über einen Einheitsmotor mit 210 PS verfügen.
Am 12. August 1953 verwüstete der größte Fabrikbrand, den Amerika bis dahin erlebt hatte, im Städtchen Livonia das Werk, das für General Motors die automatischen „Hydra-Matic"-Getriebe herstellte. Der Feuerschaden betrug 35 Millionen Dollar und war der Grund dafür, daß Cadillac und Oldsmobile wie Buick, „Dynaflow"-Getriebe einbauen mußten, während Pontiac ein „Powerglide"-Getriebe aus dem Chevrolet bekam. Um wieder Hydra-Matics bauen zu können, mußte GM die berühmte Willow-Run-Fabrik von Kaiser übernehmen.
Zum ersten Mal nach vier Jahren erhielten die Cadillac 1954 wieder eine neue Karosserie. Die Wagen waren länger – den Radstand hatte man um acht Zentimeter vergrößert –, breiter und niedriger. Die Panorama-Windschutzscheibe bekamen alle Modelle, aber auch technisch hatte man einiges verbessert. So waren jetzt alle Wagen mit Servolenkung und einer Scheibenwischanlage bestückt. Das Rennen nach mehr PS war immer noch in vollem Gange, und so lieferten die Cadillac-Motoren 1954 bei 4.400 Umdrehungen 230 PS.
Für die General-Motors-Wanderausstellung „Motorama" hatten die Cadillac-Stylisten 1954 nicht weniger als drei Traumwagen gebaut. Zwei davon waren sportliche Zweisitzer mit Kunststoffkarosserien, die überhaupt nicht in das Cadillac-Angebot paßten und deshalb auch nie das Stadium des Prototypen überlebten. Der dritte „Dreamcar" war der „Park Avenue", ein viertüriges Hardtop-Modell, das 1957 als „Eldorado Brougham" auf den Markt kam. 1955 wurden in den USA 7.950.377

Mit Chrom wurde auch 1954 nicht gespart. Hier die Front eines Cabriolets aus der Serie 62.

Personenwagen, 1,3 Millionen Lastwagen und 4.000 Autobusse gebaut – ein neuer Rekord. Fast alle Personenwagen hatten nun in der Standardausführung Heizung und Radio, pro Auto wurden bereits fünf Kilo synthetisches Material verarbeitet. Bei Cadillac bekam der Eldorado eine neue Karosserie, diesmal mit messerscharfer Heckflosse. Auch motorisch wurde dieses Modell bevorzugt behandelt. Während die übrigen Cadillac-Modelle von 233 Pferdestärken angetrieben wurden, verfügte der Eldorado-Fahrer über einen V8-Motor mit zwei Vierfachvergasern und 273 PS.

Cadillac konnte 1956 den einmillionsten Nachkriegswagen ausliefern. Chevrolet produzierte im Vergleich dazu im Jahr 1,6 und Ford 1,3 Millionen Wagen. Aber das waren Massenprodukte, kaum vergleichbar mit den 140.000 Autos, die Cadillac 1956 auf den Markt brachte. Es steckte immer noch sehr viel Handarbeit in den Cadis, die sich auch darum immer mehr zu Prestigewagen entwickelten.

Die Motoren hatten 1956 einen Hubraum von 5.972 cm^3 und eine Leistung von 267 PS. Der Motor im Eldorado war 9,75 statt 8,0:1 verdichtet und brachte 309 PS auf die Hinterräder. Damit war er der stärkste Produktions-V8 in den USA. Seit seiner Einführung 1953 war der Eldorado nur als Cabrio geliefert worden. 1956 war er dann auch als Hardtop-Coupé erhältlich. Man nannte ihn „Eldorado Seville", während die offene Ausführung auf „Eldorado Biarritz" umgetauft wurde.

„Komplett neu" waren die Cadillac 1957, wenn man den Anzeigen und Fernseh-

Einzelsitze waren 1954 in den USA noch unbekannt. Man konnte dafür vorne bequem zu dritt sitzen (oben). Der Sedan de Ville war ein viertüriges Hardtop-Modell, das 1956 auf den Markt kam. (unten).

Beim Cadillac Eldorado Brougham, dem Traumwagen für das Jahr 1955, fand man zum ersten Mal Doppelscheinwerfer (oben). Nicht jeder Tankwart wußte, wo er Benzin einfüllen sollte. Hier der Sedan de Ville von 1956.

spots Glauben schenken wollte. Tatsächlich waren die Wagen auf einem neuen X-Rahmen mit Kastenträger ohne Längsholme aufgebaut, was den Designern die Möglichkeit gab, den Wagen niedriger zu gestalten. Die Serie 62 wurde wieder am besten verkauft. Mit 4.609 Dollar war das zweitürige Hardtop-Coupé das preisgünstigste Angebot, während die viertürige Hardtop-Ausführung mit 32.342 Exemplaren das meistverkaufte Modell war. Auch die Eldorado-Modelle hatten eine neue Karosserie erhalten. Von dem offenen Biarritz wurden 1.800, von dem geschlossenen Seville sogar 2.100 Stück verkauft.

Eldorado Brougham contra Lincoln Mark II

Der Eldorado Brougham wurde 1957 nur 400mal verkauft. Schuld war wohl der extrem hohe Preis von 13.000 Dollar. Dafür war das Wagendach aus poliertem rostfreien Stahl.

ELDORADO

1956 hatte Lincoln den „Mark II" auf den Markt gebracht. Er war ein würdiger Konkurrent für Cadillac. Trotz seines hohen Preises von 9.966 Dollar konnten schon im ersten Jahr 2.550 Stück verkauft werden. Für 1957 hatte Cadillac eine passende Antwort bereit, den „Eldorado Brougham". Er wurde im Dezember 1956 vorgestellt. Die Auslieferung erfolgte aber erst im März 1957 mit etlichen Kinderkrankheiten. Der von Hand gefertigte Brougham kostete mit 13.074 Dollar 3.000 Dollar mehr als der Lincoln, und war somit der teuerste amerikanische Produktionswagen. Er war auch das erste amerikanische Auto mit Luftfederung. Sie funktionierte jedoch niemals einwandfrei und wurde später gratis gegen ein normales System mit Stahlfedern ausgewechselt. Der Brougham hatte einen Radstand von 320 Zentimeter, eine Länge von 550 Zentimeter und war nur 141 Zentimeter hoch. Damit war er in seinen Abmessungen kleiner als der Cadillac der Serie 62. Nur 400 Stück konnten im ersten Jahr verkauft werden. Es ist anzunehmen, daß das Werk an jedem Wagen Geld verloren hat. Aber es war ein Prestige-Produkt, das dem Publikum zeigen sollte, wer die schönsten Autos bauen konnte.

1958 konnte General Motors den 50. Geburtstag feiern. Für die Cadillac-Angestellten wurde es ein doppeltes Fest, denn im selben Jahr konnten sie den zweimillionsten Wagen abliefern. Weitere Gründe zum Feiern gab es dann aber nicht mehr, denn 1958 war für die amerikanische Industrie kein gutes Jahr. Auch bei Cadillac mußte gelegentlich Kurzarbeit eingeschaltet werden. Die Rezession machte sich bemerkbar, und so konnten nur 307 Eldorado Brougham verkauft werden. Doch der Brougham-Motor leistete nun 340 PS, und auch die „billigeren" Cadillac hatten einen stärkeren Motor mit 287 PS unter der Haube.

1959 ging es wieder aufwärts, sowohl mit dem Verkauf als auch mit den Heckflossen. Die Eldorados der ersten Generation wurden 1959 nicht mehr gebaut. Deren Nachfolger sahen wie „normale" Cadillac aus, da die Karosserieteile mit denen der übrigen Cadillac identisch waren. Nur der Eldorado Brougham war noch anders. Er wurde in Italien von Pininfarina in handwerklicher Arbeit auf rollende Fahrgestelle aus Detroit gebaut, um dann als fertiges Auto wieder zurückverschifft zu werden. Das geschah 1959 mit 99 Wagen. Auch 1959 war bei Cadillac wieder „alles neu". Wieder hatte man mehr Pferdestärken ein-

Der Eldorado Biarritz kam 1958 mit einem 6-Liter-V8-Motor auf den Markt. Er leistete 314 PS (oben). Der Biarritz hatte 1959 eine Länge von 572 Zentimetern. Sein Leergewicht betrug 2.300 Kilo (links). Der Fleetwood Sixty Special wurde 1959 nur als viertüriger Hardtop-Sedan geliefert, und zwar in 12.250 Exemplaren (rechts).

Ob der Cyclone (oben) von einem Flugzeugdesigner entworfen worden ist? Für den Pariser Salon 1959 baute Pininfarina als Blickfang den „Starlight".

14.000 Cabriolets konnte Cadillac 1960 von der Serie 62 verkaufen.

bauen müssen, um Autos verkaufen zu können. Der Standard-V8-Motor hatte nun einen Inhalt von 6.384 cm^3 und eine Leistung von 309 PS, während der Eldorado-Motor – bei gleichem Hubraum – 350 PS brachte. In diesem Jahr baute Cadillac nur einen Traumwagen, doch das genügte. Der „XP-74 Cyclone“ war nämlich mehr ein Alptraum als ein Traum. Man hätte annehmen können, daß er von Flugzeugdesignern aufs Papier gezeichnet worden war.

Nachdem die Heckflossen nach 1959 unmöglich noch höher werden konnten, machten die Designer eine Kehrtwende. So wurden die Auswüchse 1960 wieder niedriger. Auch Chrom wurde spärlicher verwendet, was aber dem Aussehen der Wagen nicht unbedingt schadete. Es sollte auch das letzte Jahr für die Panorama-Windschutzscheibe werden, der aber ebensowenig nachgetrauert wurde wie der Luftfederung. Und so kam das Jahr 1961. Cadillac verkaufte 148.000 Autos. Das waren 10.000 Exemplare weniger als 1960. Die Wagen hatten wieder eine neue Karosserie erhalten, verschiedene Typen gab es nicht mehr. Der Eldorado Brougham und dessen kleiner Bruder Seville waren aus dem Verkaufsprogramm gestrichen worden. Es gab nur noch einen Standardmotor. Dieser V8 hatte bei einem Inhalt von 6.384 cm^3 eine Leistung von 330 PS. Auch in ihren Abmessungen waren die Wagen gewachsen: Ein sechssitziges Coupé vom Typ 62 hatte eine Länge von 563 Zentimeter. Der Wendekreis betrug 13,9 Meter. Der Fleetwood 75 benötigte eine 616 Zentimeter lange Garage und eine 15,60 m breite Straße, um in einem Anlauf wenden zu können. Die „kleinen“ Amerikaner, in den USA „Compacts“ genannt, wurden mittlerweile von allen Marken angeboten, und auch Cadillac wollte da nicht zurückstehen. Das Werk erschien mit einer „kurzen“, nur 546 Zentimeter langen Ausgabe des Typs 62. Aber niemand wollte ihn kaufen. Für die Cadillac-Kunden war das kein echter Cadillac.

Als die Cadillac-Vertreter am 22. September die neuen Wagen des Modelljahres 1962 bestellen konnten, waren viele von ihnen enttäuscht. Cadillac feierte den 60. Geburtstag, und deshalb hatte man mehr erwartet, als nun angeboten wurde.

Für den Pariser Salon hat Pininfarina öfter etwas Neues gebaut. So erschien der Italiener 1961 mit „Jaqueline“, einem 2+2-Coupé auf der Basis eines Cadillac.

Das Coupé de Ville war 1962 ein Bestseller. [illegible]5.675 Exemplare wurden verkauft.

Neun Passagiere fanden 1962 im Fleetwood 75 Platz. Es war das vornehmste Modell, das Cadillac und somit General Motors anbieten konnte. Der Preis betrug 9.722 Dollar, 696 Exemplare wurden abgesetzt.

Die Wagen hatten nur ein Facelift bekommen, und lediglich der „Park Avenue Sedan", ein viertüriges Hardtop-Modell auf der Basis des Typs 63, war wirklich neu. Qualitativ hatten die Wagen natürlich immer noch den hohen Standard, der die Marke berühmt gemacht hat. Bevor ein Motor überhaupt eingebaut wurde, mußte er 14 Tests erfolgreich bestehen, und insgesamt unterlag jedes Auto 1.400 Kontrollen, bevor es ausgeliefert wurde.

Nachdem Cadillac seinen V8-Motor fünfzehn Jahre fast unverändert produziert hatte, erschien 1963 ein Nachfolger. Die Leistung und der Zylinderinhalt waren mit 330 PS und 6.384 cm^3 identisch geblieben, aber der neue Motor war bedeutend kleiner im Umfang und sogar 23 Kilo leichter. Das Werk inserierte den Motor als Weltneuheit. Schon ein Jahr später erschien davon ein Nachfolger, diesmal mit einem Inhalt von 7.025 cm^3 und einer Leistung von 345 PS. Das genügte, um einen Zweitonnen-Cadillac in 10 Sekunden von 0 auf 100 km/h beschleunigen zu können. 1964 erhielten alle Ford- und GM-Kunden zwei Jahre oder 24.000 Meilen (38.000 km) Garantie auf ihre Wagen. Cadillac hatte noch mehr Vertrauen in seine Produkte und warb mit fünf Jahren oder 80.000 km Garantie. Diese Cadillac kamen in drei Serien auf den Markt: als Serie 62, als de Ville und als Fleetwood. Der 62er war das preisgünstigste Modell, der Park Avenue und der Biarritz wurden aus dem Programm gestrichen. 1963 und 1964 waren es die Techniker, die die großen Änderungen gebracht hatten. 1965

1965 erhielten die Cadillac eine neue Karosserie, diesmal ohne die traditionellen Heckflossen. Hier der Sixty Special, von dem 1965 mehr als 18.000 Stück gebaut wurden.

1963 erhielten die Cadis einen neuen Motor. Leistung und Zylinderinhalt änderten sich nicht, aber das Gewicht des V8 konnte um 23 Kilo reduziert werden. Hier ein Fleetwood Sixty Special von 1963.

waren wieder die Designer an der Reihe. Sie entwarfen neue Chassis mit neuen Karosserien. Zum ersten Mal seit 15 Jahren fand man keine Heckflossen mehr auf den Kotflügeln. Die Wagen hatten ein neues Gesicht bekommen. Die Doppelscheinwerfer standen nicht wie üblich neben, sondern übereinander. Auch die Namen änderten sich: Aus dem Fleetwood 75 wurde die „Serie 69“. Die Serie 62 wurde umgetauft in „Calais“, und alle anderen Serien vereinigte man zur „Serie 68“. Die Wagen verkauften sich wie die bekannten warmen Brötchen.

Eine amerikanische Premiere feierte Cadillac 1965 mit dem verstellbaren Lenkrad. Zum ersten Mal konnte eine Automarke ein Lenkrad liefern, das sowohl in der Höhe als auch gegen das Armaturenbrett hin verstellbar war. Es wurden neue Produktionsrekorde aufgestellt. Cadillac hielt es deshalb auch nicht für nötig, die Wagen für 1966 zu ändern.

Für den Cabriolet-Verkauf war 1965 ein Spitzenjahr. In den USA wurden 507.000 Stück gebaut, 21.325 davon kamen aus den Cadillac-Werken. Hier das Fleetwood-Eldorado-Cabriolet.

Zum ersten Mal seit seiner Geburt im Jahr 1959 erhielt der Fleetwood 75 1966 eine neue Karosserie.

Das Calais-Hardtop-Coupé: mit 4.986 Dollar 1966 der billigste Cadillac.

Der Eldorado mit Vorderradantrieb

Eine wirkliche Neuheit erschien erst wieder 1967 mit dem „Fleetwood Eldorado". Es handelt sich um ein Hardtop-Coupé, das als erster Cadillac über die Vorderräder angetrieben wurde. Der Eldorado wurde in der Fabrik an der Clark Avenue gebaut. Er hatte ein spezielles Chassis mit einem kurzen Radstand von 305 Zentimeter. Die Karosserie – es war die gleiche wie beim Buick „Riviera" und beim Oldsmobile „Toronado" – entstand bei Fisher. Schon 1958 hatten die Techniker bei Cadillac mit der Arbeit am Vorderradantrieb begonnen, und ein Jahr später waren die ersten Prototypen auf der Straße gewesen. Auch bei Oldsmobile und Buick wurde mit dem Vorderradantrieb experimentiert, und 1963 entschloß man sich zur Zusammenarbeit. Oldsmobile war verantwortlich für den Motor und für die Vorderradaufhängung, während bei Cadillac das Fahrgestell und die Hinterradaufhängung entstanden. Buick kam mit dem Differential, und Saginaw lieferte die Halbwellen und das Lenkgetriebe. Buick zog sich im letzten Moment aus dem Programm zurück und entschloß sich, den Riviera mit dem konventionellen Hinterradantrieb auszurüsten. Bei Cadillac war man mit dem Wagen immer noch nicht ganz zufrieden, da erschien Oldsmobile 1966 als erster mit dem Toronado.

Den V8-Motor teilte der Eldorado mit den anderen Cadillac-Modellen. Der Siebenliter leistete nach SAE-Norm 345 PS. Im ersten Jahr konnte Cadillac 17.900 Exemplare verkaufen. Oldsmobile verkaufte 1966 41.000 Toronados, doch 1967 ging der Verkauf auf 22.000 Exemplare zurück. Für 1968 hatte Cadillac schon wieder einen neuen Motor entwickelt. Der V8 brachte es bei einem Hubraum von 7.729 cm^3 auf eine Leistung von 380 PS. Obwohl ein De-Ville-Cabrio ein Gewicht von 2.180 Kilo auf die Waage brachte,

Der Eldorado, erster Frontantriebler unter den Cadis, erhielt 1969 einen ersten Facelift.

Eldorado
DEC. OREGON 64
5Z-1305
PACIFIC WONDERLAND

erreichte es eine Spitze von über 200 km/h. Am 10. Juni 1968 rollte der dreimillionste Nachkriegs-Cadillac vom Band: ein goldlackiertes De-Ville-Cabrio. Die 68er Cadillac waren, wie die Tabelle zeigt, große Autos. Trotzdem hatten normalgewachsene Leute beim Sitzen auf der hinteren Bank Mühe, ihre Beine unterzubringen.

MODELL	RADSTAND	LÄNGE
CALAIS UND DE VILLE	329	571
FLEETWOOD 60 UND BROUGHAM	338	580
FLEETWOOD 75	380	622
ELDORADO	305	562

Als die 69er Modelle am 26. September 1968 vorgestellt wurden, fielen sofort die neuen Scheinwerfer auf. Sie standen zum ersten Mal seit 1964 wieder neben- statt übereinander. Neu war auch, daß auf die Ausstellfenster in den vorderen Türen ver-

1971 war der Eldorado auch als Cabriolet erhältlich (oben). Im Vordergrund steht der erste Cadillac mit Vorderradantrieb, der Fleetwood Eldorado als neues Modell für 1967. Im Hintergrund ein De-Ville-Cabriolet (links).

zichtet worden war, was den Wagen optisch zum Vorteil gereichte. Praktisch alle Cadis wurden mit einer Klimaanlage ausgeliefert, doch auch wenn der Käufer darauf verzichtete, war die Frischluftzufuhr mehr als zufriedenstellend.
Der Eldorado von 1967 erhielt 1969 eine erste äußerliche Veränderung: Die Scheinwerfer wurden nicht länger durch Vakuum-betriebene Klappen abgeschirmt, sondern standen offen im neuen Grill.
Wieder konnte der Cadillac-Vertreter elf verschiedene Modelle in drei Basis-Serien anbieten. Der Kunde hatte die Wahl zwischen vier Radständen und 21 Farbkombinationen. Außer Weiß und Schwarz waren übrigens alle Farben neu gemischt worden. Aber auch das Aussuchen des Interieurs konnte Kopfzerbrechen bereiten, denn hier waren nicht weniger als 205 Möglichkeiten vorhanden. Es gab 100 Varianten in Leder, 103 in Stoff und zwei in Vinyl.
Am 19. Juni 1969 konnte Cadillac seinen viermillionsten Wagen aus der Fabrik an der Clark Avenue in Detroit fahren. Es war ein De-Ville-Hardtop-Coupé, von dem 1969 nicht weniger als 65.755 Stück einen Käufer fanden.
Ab dem 18. September 1969 wurden die Wagen des Modelljahres 1970 gebaut. Sie sahen aus wie ihre Vorgänger und konnten nur am Kühlergrill von diesen unterschieden werden. Technisch hatte man wohl etwas ändern müssen, denn die Sicherheitsvorschriften verlangten immer neue Maßnahmen. Die neuen Wagen erhielten eine Sicherheitslenksäule, die die Stoßenergie absorbierte, eine Knautschzone an Bug und Heck und Stahlholme in allen Türen.
Cadillac hatte zudem noch eine gute Nachricht für die sportliche Kundschaft des Eldorado: Der V8-Motor unter der langen Haube wies einen Hubraum von 8,2 Litern auf. Es war der größte Motor, der in einem amerikanischen Produktionswagen erhältlich war. Er leistete 406 PS (nach SAE-Norm) bei 4.400 Umdrehungen. Das Drehmoment war mit 746 Newtonmetern bei 3.000 Umdrehungen gewaltig und die Höchstgeschwindigkeit von 200 km/h ebenfalls imposant. 2.194 Kilo brachte das Coupé auf die Waage. Um eine solche Masse abbremsen zu können, war eine Zweikreisbremsanlage mit Scheiben an den vorderen und Trommeln an den hinteren Rädern montiert worden. Für den Benzinverbrauch von etwa 25 Litern auf 100 Kilometer war der Benzintank mit 91 Litern entspechend dimensioniert.
Der neue 8-Liter-Motor war nur den Eldorado-Kunden vorbehalten, denn die übrigen Cadillac-Modelle waren mit dem 380 PS starken 7,7-Liter-V8 bestückt.
Für 1971 erhielten alle Cadillac-Modelle neue Karosserien, aber auch die Technik war überarbeitet worden. Der frontgetriebene Eldorado erschien sogar als Cabrio. Es war das einzige offene Modell, das Cadillac noch anbieten konnte. Die Nachfrage nach Cabrios war nicht mehr so groß,

1970 hatte der Fleetwood Brougham die stolze Länge von 580 Zentimetern.

Luigi Chinetti, Ferrari-Importeur für Nordamerika, ließ diesen „Special" 1970 bei Zagato in Mailand bauen. Das 2+2-Coupé stand auf der Bodengruppe eines Eldorado.

zumal nun praktisch alle Wagen mit Klimaanlage geliefert wurden. Der Eldorado kam wieder mit dem 8,2-Liter-V8-Motor heraus, aber nun war die Leistung auf 370 SAE-PS oder 238 PS nach DIN gedrosselt worden (General Motors gab seine Motorleistungen nun nicht mehr in SAE-PS an). Die übrigen Cadis waren mit dem 7.729 cm^3 großen V8-Motor bestückt, der nun 223 DIN-PS leistete. Die Reduzierung der Pferdestärken war unvermeidlich geworden, weil die Motoren den immer strenger werdenden Gesetzen angepaßt werden mußten. Die Motoren sollten nur noch für bleifreies oder bleiarmes Benzin zugelassen werden, und das konnte nur erreicht werden, indem man das Kompressionsverhältnis drastisch reduzierte. Der 8,2-Liter-Eldorado-Motor war ursprünglich mit 10:1 verdichtet, jetzt nur noch mit 8,5:1. Neben den vielen überflüssigen Pferdestärken waren auch einige Modelle verschwunden. 1971 hatte der Kunde noch die Wahl zwischen neun Cadis. Es gab keinen Fleetwood Sixty Sedan mehr, und auch das De-Ville-Cabrio und der De Ville als viertüriger Sedan waren aus dem Angebot gestrichen worden. Die neun Modelle stellten sich wie folgt zusammen:

MODELL	TYP
CALAIS	2türiges Hardtop Coupé 4türiger Hardtop Sedan
DE VILLE	2türiges Coupé de Ville 4türiger Hardtop Sedan de Ville
FLEETWOOD 60 SPECIAL	4türiger Brougham
FLEETWOOD 75	4türiger Sedan 4türige Limousine
ELDORADO	2türiges Hardtop Coupé 2türiges Cabriolet

Mit 69.345 Exemplaren war der De Ville als 4türiger Hardtop Sedan der meistverkaufte Cadi, während vom Fleetwood 75 Sedan nur 752 Stück einen Abnehmer fanden.
Im Oktober 1971 stellten die amerikanischen Autohändler einen neuen Rekord auf. Sie verkauften zum ersten Mal in der Autogeschichte innerhalb eines Monats mehr als eine Million Autos. Zwar waren unter den 1.050.000 Autos auch 120.000 Importwagen, aber dieser Anteil war mit etwas mehr als 11 Prozent sehr gering. 1972 sollte ein gutes Jahr werden, denn Präsident Richard M. Nixon hatte ein neues Wirtschaftsprogramm ausarbeiten

lassen, das den Amerikanern viel Grund zu Optimismus gab. Weltweit produzierte General Motors in jenem Jahr 7.723.989 Automobile. Davon waren 277.251 Stück bei Cadillac gebaut worden, was für die Marke einen neuen Rekord bedeutete. 1972 hatte man bei Cadillac auch noch einen anderen Grund zum Feiern: Die Firma existierte seit siebzig Jahren.
Die Modelle, die man offerierte, waren identisch mit denen von 1971. Das kleine Facelift umfaßte einen neuen Grill und schwerere, den neuen Bestimmungen angepaßte Stoßstangen. Das neue Gesetz wollte, daß bei einer Geschwindigkeit von 8 km/h der Aufprall auf eine Betonmauer keinen Schaden am Wagen hinterließ. Neu waren auch die Standlichter, die jetzt vertikal zwischen den Scheinwerfern montiert waren.
Cadillac war schon immer ein Lieferant für Könige, Kaiser und andere reiche Leute gewesen. Diese waren seit der Oktoberrevolution in Rußland selten, und deshalb wird das Fleetwood-Eldorado-Coupé, das der amerikanische Präsident Nixon bei seinem Besuch in Moskau dem sowjetischen Staats- und Parteichef Leonid Breschnew schenkte, wohl eine Rarität sein. Das Auto war schwarz lackiert und wurde mit einem Militärflugzeug nach Moskau geflogen, den Kofferraum gefüllt mit Ersatzteilen.
Der Produktionsrekord des Modelljahres 1972 – mehr als eine Viertelmillion Cadillac – ist erklärlich, wenn man weiß, daß das Modell schon im September 1971 vorgestellt und bis am 7. Juli 1972 produziert wurde.
Auch 1973 war wieder ein Rekordjahr für die Automobilindustrie. Weltweit wurden 29.836.334 Personenwagen gebaut. Davon stammten 9.668.564 Stück aus den USA, 1.246.174 aus Kanada, und 173.282 kamen aus mexikanischen Fabriken. Japan produzierte 4.474.000 Autos. Auch Cadillac profitierte von der guten Wirtschaftslage. Die Produktion konnte auf 307.698

Stück hochgeschraubt werden. Am 27. Juni 1973 lieferte das Unternehmen den fünfmillionsten Wagen ab. Die 73er Modelle waren deutlich anders gestaltet als ihre Vorgänger. Die ganze Frontpartie war geändert worden. In den amerikanischen Städten macht man aus einer kleinen Parklücke eine größere, indem man den vorderen und den hinteren Wagen etwas wegstößt. Daß dadurch öfter Schäden an Stoßstangen und Kühlergittern entstehen, ist klar. Dieser Tatsache trug man bei den neuen Cadillac Rechnung. Indem das Kühlergitter fest auf die vordere Stoßstange montiert wurde, konnte die ganze Einheit etwa sechs Zentimeter nach hinten in das Fahrzeug geschoben werden. Außerdem waren die Stoßstangen noch durch Gummistreifen gegen Kratzer und Beulen geschützt worden.

Das 500-Meilen-Rennen auf dem Oval von Indianapolis ist das größte automobilsportliche Ereignis in den USA. Tausende von Zuschauern sehen das Training, Zehntausende das Rennen, und Millionen erleben es vor dem Fernseher. Im Gegensatz zu den europäischen Formel-1-Rennen, die durch ein grünes Licht gestartet werden, erfolgt der Start in „Indy" hinter einem „Pacecar". Dieser führt das Feld eine Runde an, verläßt dann die Bahn, und das Rennen läuft. Für einen Automobilhersteller gibt es natürlich kaum eine bessere Reklame, als den Pacecar stellen zu können. 1927, 1934 und 1937 hatte die Rennleitung den De Soto ausgewählt, 1931 hatte

Die 1972er Modelle erkannte man am neuen Grill und an den Scheinwerfern, die zwischen den Standlichtern plaziert waren. Hier der Fleetwood Sixty Special Brougham, der hinten mit einer pneumatischen Niveauregulierung ausgestattet war (oben). Den Fleetwood 60 Special gab es 1971 nur als viertürigen „Brougham" (rechts).

Das Coupé de Ville von 1973. Fast 113.000 Stück konnte Cadillac absetzen. Das war ein Verkaufsrekord für das Modell.

Millionen Fernsehzuschauer sahen 1973 dieses Eldorado-Cabriolet als „Pacecar" in Indianapolis.

Cadillac war 1974 der einzige amerikanische Autohersteller, der Luxus-Cabriolets anbot. Die Händler konnten aber nur 7.600 offene Eldorados an den Mann bringen.

1976 rollten die letzten Eldorado-Cabriolets vom Fließband. In den USA wurden danach sechs Jahre lang keine offenen Wagen gebaut.

Der 8,2-Liter-V8-Motor von 1974 leistete 213 PS – genug, um das zweieinhalb Tonnen schwere Eldorado-Cabriolet auf eine Spitzengeschwindigkeit von 190 km/h zu bringen.

ein V16-Cadillac die Meute angeführt, und 1973 war es ein Cadillac-Fleetwood-Eldorado-Cabriolet. Für den Eldorado – er konnte 1973 seinen 20. Geburtstag feiern – wurde es auch ein Rekordjahr: 42.136 Hardtop-Coupés und 9.315 Cabriolets wurden verkauft. Welchen Anteil die neue Cadillac-Garantie daran hatte, läßt sich kaum feststellen. Ein Wagen wie der Eldorado, mit Vorderradantrieb und einem schweren V8-Motor über der Vorderachse, mußte wohl einen großen Reifenverschleiß aufweisen. Um seine Kundschaft vom Gegenteil zu überzeugen, garantierte Cadillac, daß die Radialreifen auf dem Eldorado 40.000 Meilen (64.000 km) problemlos überstehen würden.
Technisch waren die 73er Cadis verbessert worden. Die Motoren waren mit einer Abgasrückführung ausgerüstet worden. Dadurch wurde der Stickoxidausstoß verringert. Auch die Auspuffanlage war im Hinblick auf verbesserte Geräuschisolation überarbeitet worden. Im automatischen Getriebe wurde ein neues Öl verwendet, das einen Ölwechsel erst nach 100.000 Meilen (160.000 km) notwendig machte. Ende 1973 drehten die Araber den Ölhahn zu – es kam zu einer Ölkrise, wie sie die westliche Welt noch nicht erlebt hatte. Auch in den USA redete man von Rationierungen. Bei Cadillac verkaufte man in dieser Zeit weniger Wagen als erwartet. Aber schon im März 1974 waren die Ängste überstanden, und wieder wurden große Wagen gekauft, als wäre nichts geschehen. Die amerikanische Regierung sah der Zukunft weniger optimistisch entgegen und drängte auf Benzinsparen. Die Zeit der starken Motoren war vorbei, was aus der folgenden Tabelle deutlich hervorgeht:

CADILLAC-CALAIS- UND DE-VILLE-V8-MOTOR

JAHRGANG	cm^3	VERDICHTUNG	PS
1973	7.729	8,50:1	223
1974	7.729	8,25:1	208
Ab Juli 1974	8.194	8,50:1	193

Ein neues Gesetz schrieb vor, daß Wagen, die nach dem 3. Juli 1974 gebaut wurden, mit bleifreiem Benzin gefahren werden mußten. Diese Maßnahme bedeutete einen Verlust an Pferdestärken, den Cadillac mit einem größeren Motor zu kompensieren versuchte.
Die Cadillac-Modelle für 1974 hatten ein neues Kühlergitter erhalten, die Scheinwerfer-, Positions- und Blinkerlampen waren neu. Auch das Armaturenbrett machte mit neuem Design auf sich aufmerksam: Hier fand man nun eine Digitaluhr sowie Kontrollampen für Öl-, Wasser- und Scheibenwaschflüssigkeitsstand. Das Coupé de Ville wurde mit einem neuen Dachaufbau versehen, der durch ein großes „Opera-Fenster" gekennzeichnet war.
Die Paradepferde aus dem Cadillac-Stall waren auch dieses Jahr wieder die Brougham-Modelle. Als Maximum an Luxus galt der Brougham in einer „Talisman"-Ausführung, die nur vier Personen Platz bot. Die saßen allerdings in bequemen Lehnstühlen, die wie der Rest des Interieurs mit Velours überzogen waren. Der Fleetwood Sixty Special Brougham hatte einen Radstand von 338 Zentimetern und eine Länge von 594 Zentimetern. Die Maße beim Fleetwood Seventy-Five betrugen 385 Zentimeter und 641 Zentimeter. Angetrieben wurden die 1974er Cadillac von dem oben erwähnten V8-Motor. Der Eldorado wurde das ganze Modelljahr 1974 hindurch mit dem 8,2 Liter großen V8-Motor geliefert. Aber auch hier ging die Leistung von 213 auf 193 PS zurück. Mit seinem Vorderradantrieb war er auch 1974 noch als Coupé und Cabriolet erhältlich, doch diese letzte Ausführung wurde zur Seltenheit in der Autobranche, da die Amerikaner kein offenes Auto mehr fahren wollten. 1965 hatte Detroit noch 507.000 Cabriolets ausgeliefert. 1974 waren es nur noch 28.000 Stück. Cadillac war die einzige Firma, die noch Cabrios in der Luxusklasse anbot, aber auch da wurde die Produktion gestoppt: Die 1974 verkauften 7.600 offenen Eldorados waren einfach zu wenige gegen die Zahl der 32.812 verkauften Eldorado Coupés.
In 29 Ländern wurden 1975 Personenwagen und Kombis gebaut. Insgesamt erreichte man eine Produktion von nicht ganz 25 Millionen Stück. General Motors war mit 20,9 Prozent (5.222.001 Stück) immer noch die Nummer eins, gefolgt von Ford und Chrysler. Toyota hatte mit 7,3 Prozent Volkswagen überholt (6,8 Prozent). Die teureren Luxuswagen verkauften sich immer besser. Mercedes erreichte mit 350.000 Personenwagen einen Produktionsrekord, Rolls-Royce und Bentley verkauften 3.154 Autos, 256 Stück mehr als 1974. Lincoln konnte seinen Verkauf um 13.951 Exemplare steigern und kam auf 101.520 verkaufte Automobile. Bei Cadillac waren es 278.404 Wagen – man konnte zufrieden sein.

Das vorläufig letzte amerikanische Cabriolet. Der weiße Eldorado mit dem Kennzeichen „Last" verließ das Werk am 21. April 1976.

Seville: So klein ein Cadillac eben sein kann

Der Cadillac Seville erschien im April 1975 als Modell des Jahrgangs 1976.

1975 änderte sich einiges. Als erste amerikanische Marke bot Cadillac Motoren mit elektronischer Benzineinspritzung an. Das steigerte die Leistung des 8,2-Liter-V8 von 190 auf 210 PS. In seiner Standardausführung war er mit einer neuen Version des Quadra-Jet-Vierfachvergasers ausgerüstet. Dieser sorgte in Kombination mit GMs neuer elektronischer Zündung für einen geringeren Benzinverbrauch. Um den Vorschriften für 1975 zu entsprechen, wurden alle GM-Produkte, auch die Cadis, mit einem Katalysator ausgerüstet.
Äußerlich erkannte man die neuen Wagen an ihren vier quadratischen Scheinwerfern und am „Astroroof"-Dach, einem elektrisch bedienbaren Glasschiebedach, das 1975 zum ersten Mal gegen Aufpreis erhältlich war.
Die größte Neuigkeit war jedoch ein komplett neues Modell, der „Seville", ein Baby-Cadillac in der Größe eines amerikanischen Mittelklassewagens. Verschiedene Gründe hatten dazu geführt, daß sich Cadillac zu diesem „kleinen" Wagen entschloß. Erstens war da immer noch die drohende Benzinrationierung, bei der den Besitzern von Kleinwagen ebensoviel Benzin zugewiesen werden sollte wie den Fahrern großer Wagen. Und dann mußte man feststellen, daß die Importwagen der gehobeneren Klasse wie Mercedes oder Jaguar oft viel teurer waren als ein Cadillac, aber doch nicht größer als ein amerikanischer Mittelklassewagen. Warum also keinen kleineren und sparsameren Cadillac mit allem Luxus eines Großen bauen? Der Cadillac Seville war, wie die Tabelle zeigt, in seinen Abmessungen vergleichbar mit einem amerikanischen Compact-car oder mit einem großen Europäer:

	CADILLAC SEVILLE	CADILLAC CALAIS	CHEVROLET CHEVELLE	MERCEDES 450 SEL	JAGUAR XJ 6/12
RADSTAND (cm)	291	330	285	287	287
LÄNGE (cm)	518	586	522	522	495
BREITE (cm)	183	203	195	186	177
HÖHE (cm)	139	137	137	143	138
GEWICHT (kg)	1.950	2.370	1.750	1.950	1.685

Den Seville gab es nur als viertürigen Sedan. Sein Fahrgestell war eine Variante des X-Chassis, wie es von General Motors im Chevrolet „Nova", Pontiac „Ventura", Buick „Apollo" und im Oldsmobile „Omega" verwendet wurde. Auch der Motor war nicht von Cadillac, sondern bei Oldsmobile entwickelt worden. Auswechselbar waren die V8-Motoren jedoch nicht, denn der Seville-Motor war nach Cadillac-Spezifikationen modifiziert und außerdem mit einer elektronischen Bendix-Benzineinspritzung versehen worden. Der Hubraum betrug 5.734 cm^3, die Leistung 182 PS bei 4.400 Umdrehungen. Da auch der Seville-Motor für Normal- oder Bleifreibenzin entwickelt worden war, betrug das Kompressionsverhältnis 8:1. Das automatische Turbo-Hydra-Matic-Getriebe gehörte selbstverständlich zur Standardausrüstung, ebenso wie die Zweikreis-Servobremsen (vorne belüftete Scheiben, hinten Trommeln), die Servolenkung mit varia-

bler Untersetzung und die automatische Niveauregulierung an der starren Hinterachse.
Der Seville war ein sehr teures Auto. Ein viertüriger De Ville kostete in Amerika 8.801 Dollar, der Seville dagegen 12.479 Dollar – fast 50 Prozent mehr also. Diese Preisdifferenz konnte man zum Teil auf die luxuriöse Innenausstattung zurückführen. Hier war nirgends gespart worden. Man fand eine Klimaanlage mit automatischer Temperaturkontrolle in jedem Seville (sonst wurde sie nur gegen Aufpreis eingebaut), ebenso elektrische Fensterheber und elektrisch verstellbare Frontsitze. Auf dem Boden lag ein dicker Teppich, das Armaturenbrett und die Türen waren mit Rosenholz-Furnier verkleidet.
Die ersten Seville erreichten die Cadillac-Vertreter im April 1975. Als das Modelljahr im September 1975 abgeschlossen wurde, waren 16.355 Exemplare verkauft worden.
1975 war für die amerikanische Autoindustrie ein sehr schlechtes Jahr: Kaum hatte man sich von den Ölkrisen erholt, legte eine Rezession den Autohandel lahm. Auch Cadillac merkte dies, nur 278.000 Wagen wurden produziert.
Die Autoproduktion geht in Amerika auf und ab wie ein Jo-Jo. In einem Jahr könnte mehr verkauft werden, als produziert wird – entsprechend wird verdient; im nächsten Jahr droht Kurzarbeit, und die Unternehmen verlieren Millionen. So folgte auch nach dem schlechten Jahr 1975 ein besseres 1976: 312.845 Cadillac wurden verkauft. Unter diesen Wagen befanden sich auch die vorläufig letzten in Amerika hergestellten Cabriolets. 1975 waren noch 8.950 Eldorado Cabriolets verkauft worden. Als das Werk bekanntgab, daß die Produktion 1976 eingestellt werden sollte, häuften sich die Bestellungen. 14.000 Stück waren innerhalb kürzester Zeit verkauft, oft für den doppelten Fabrikspreis, da Sammler sich auf die Wagen stürzten. Das allerletzte Cabriolet rollte am 21. April 1976 aus der Fabrik an der Clark Avenue und nahm einen Platz im Cadillac-Museum ein. Das Auto war weiß lackiert, mit weißem Dach und weißen Radkappen. Das Interieur war mit weißem Leder bezogen, die Bodenteppiche waren rot. Diese Merkmale findet man bei genau 200 weiteren „letzten" Cabriolets. Ich kann Ihnen versichern, daß die Spekulanten und Sammler sich um diese Eldorado-Cabrios gerissen haben.
1976 wurden die Wagen minimal geändert. Von den obligatorisch neuen Stoßstangen, Parklichtern und dem neuen Kühlergitter abgesehen, sahen die Wagen wie ihre Vorgänger aus. Gegen einen Aufpreis konnten der Calais und das Coupé de Ville mit einem Vinyldach geliefert werden. Der Eldorado hatte neue Radkappen erhalten. Der Fronttriebler wurde nun mit vier Scheibenbremsen geliefert. 35.184 Stück wurden als Coupé verkauft.

Das Ende der Giganten

Der enorme Fleetwood Brougham Sedan wurde bis 1976 produziert (oben). Der 1977er Sedan de Ville war 475 Kilo leichter als sein Vorgänger (links).

1977 produzierte Cadillac seinen sechsmillionsten Wagen. Man feierte den 75. Geburtstag, und diesmal durfte die Cadillac-Kundschaft mitfeiern. „Alles ist neu“ – so bot Cadillac seine „Next Generation of the Luxury Car“ (nächste Generation des Luxuswagens) an, und diesmal war nicht übertrieben worden. Die Techniker und Designer hatten sich zusammen an die Arbeit gemacht und die ganze Cadillac-Palette neu gestaltet. Die „billige“ Calais-Serie war aus der Produktion genommen worden. Somit waren das Coupé und der Sedan de Ville die preisgünstigsten Wagen. Auch die teuerste Ausführung des Cadillac, der Fleetwood 75, wurde nicht mehr gebaut, denn 1976 hatte man nur 1.815 Stück davon verkaufen können. Die restlichen Wagen erhielten einen kleineren und sparsameren Motor. Auch die Karosserien, mit Ausnahme des Eldorado, wurden kleiner und deshalb leichter gestaltet, wie die folgende Tabelle zeigt:

1976	**DE VILLE**	**BROUGHAM**	**LIMOUSINE**	**ELDORADO**
RADSTAND (cm)	330	338	385	321
LÄNGE (cm)	586	594	641	569
BREITE (cm)	203	203	203	203
HÖHE (cm)	138	141	146	138
GEWICHT (kg)	2.390	2.430	2.735	2.405

1977	**DE VILLE**	**BROUGHAM**	**LIMOUSINE**	**ELDORADO**
RADSTAND (cm)	309	309	367	321
LÄNGE (cm)	562	562	621	569
BREITE (cm)	194	194	194	203
HÖHE (cm)	146	146	146	138
GEWICHT (kg)	1.915	1.970	2.180	2.245

Der noch relativ neue Seville blieb unverändert, und auch der Eldorado blieb in seinen Abmessungen gleich. Abgesehen vom Seville, der immer noch mit dem 5,7-Liter großen V8 geliefert wurde, erhielten alle Modelle einen neuen Motor. Dieser neue V8 hatte einen Hubraum von sieben Litern und eine Leistung von 183 PS bei 4.000 Umdrehungen. Auch die Bremsanlage hatte man nochmals unter die Lupe genommen: Die Seville, Fleetwood, Brougham und Eldorado bekamen Vierradscheibenbremsen.
Auch das Interieur der Wagen hatte man nicht vergessen. Es wurde überall ein neues Zweispeichen-Lenkrad und ein neues Armaturenbrett montiert. Letzteres war so konzipiert, daß sowohl der Fahrer als auch der Beifahrer das Radio und die Bedienungsknöpfe für die Klimaanlage bedienen konnten.
Cadillac hatte seine Modelle immer schon auch in „Spezialausführungen“ angeboten. Diese unterschieden sich oft in Kleinigkeiten, wie einem Vinyldach oder einem luxuriösen Interieur, von den „normalen“ Cadillac. So konnte man 1977 einen „Custom Biarritz Eldorado“ erwerben, bei dem die hintere Dachpartie mit einem Spezial-Vinyl überzogen war. Außerdem erkannte man den Wagen an den Radkappen, die in der Wagenfarbe lackiert waren, und an seinen beiden mit Leder bezogenen vorderen Einzelsitzen. Weitere Leckerbissen waren die „d'Elegance“-Ausführungen der Sedan, der Coupé de Ville und der Fleetwood Brougham. Der Brougham in seiner „Talisman“-Ausführung mit vier Einzelsitzen wurde 1977 nicht mehr angeboten.
Die 1977er Modelle waren ein großer Erfolg für Cadillac. Die Kunden schätzten die bescheideneren Ausmaße der Wagen und kauften nicht weniger als 369.254 Cadis, was wieder einen neuen Rekord bedeutete.

1977
erhielt der Eldorado eine neue Front und einen neuen Motor. Das Coupé de Ville ersetzte die preisgünstigste Calais-Serie (unten).

1977

BEACH HOUSE
SOUTH

Ein Cadillac mit Dieselmotor

Abmessungen, Gewicht und Gesamterscheinung der 1978er Cadillac waren identisch mit den Versionen des Vorjahres. Äußerlich unterschieden sie sich von ihren Vorgängern durch einen neu gestalteten Kühlergrill und neue Rücklichter. Als Antriebsquelle für alle Modelle diente das 7-Liter-V8-Triebwerk. Die Ausnahme bildete der Seville, der mit dem 5,7-Liter-V8 mit elektronischer Einspritzung ausgerüstet war. Sämtliche Modelle wiesen serienmäßig ein neues Niveau-Ausgleichsystem auf. Ein elektronischer Sensor ermittelte, wann ein Ausgleich erforderlich wurde. Eine grüne Leuchte im Armaturenbrett zeigte dem Fahrer an, wenn sich der Ausgleichkompressor eingeschaltet hatte. Gewichteinsparung wurde 1978 noch groß geschrieben. So erhielt der Seville ei-

Um Gewicht und damit Treibstoff zu sparen, war die Motorhaube des Fleetwood Brougham aus Aluminium. Trotzdem betrug das Leergewicht des Wagens 1.990 Kilo (oben). 1978 war das letzte Jahr für die großen Eldorado. Hier der Wagen in seiner neuen Biarritz-Ausführung (links). Der Sedan de Ville war 1978 der billigste und meistverkaufte Cadillac. 88.951 Exemplare konnten abgesetzt werden (rechts).

nen Ansaugkrümmer aus Aluminium, der den Wagen 14 Kilo leichter machte.
Gegen Aufpreis bot Cadillac verchromte Drahtspeichenräder für den De Ville, den Brougham und den Seville an. Die Räder wurden mittels einer Achtkantmutter montiert und gegen Diebstahl gesichert. Zum „Elegante"-Paket, der besonders luxuriösen Ausführung des Seville, gehörten diese Speichenräder ebenso wie die Zweiton-Lackierung hellbraun/dunkelbraun oder schwarz/silbergau, ein Echtlederinterieur, Einzelsitze vorne, ein Lederlenkrad, eine Schreibunterlage mit Schreibzeug sowie Platz für den Einbau eines Tonbandgerätes und eines Telefons im Fond.
Als die „Chicago Autoshow" im Februar 1978 ihre Tore öffnete, fand man auf dem Cadillac-Stand zwei interessante Neuigkeiten, die den Seville betrafen. Es gab den Wagen nun auch mit einem Dieselmotor, der den Brennstoffverbrauch um 50 Prozent reduzierte. Dabei handelte es sich um einen bei Oldsmobile entwickelten V8-Motor mit einem Hubraum von 5,7 Litern und einer Leistung von 127 PS bei 3.600 Umdrehungen. Einer der Pluspunkte des Cadillac war schon immer seine Geräuscharmut, und sogar mit dem Dieselmotor konnte er in diesem Punkt überzeugen. Die bekannte amerikanische Autozeitschrift „Road & Track" nahm sich die Mühe, den Geräuschpegel in einem Seville mit Benzinmotor und bei der Dieselvariante zu messen, mit folgenden Resultaten:

VERSION	***LEERLAUF***	***50km/h***	***80km/h***
BENZIN (dBA)	52	61	65
DIESEL (dBA)	56	62	66

Diese Zahlen waren praktisch identisch mit denen, die beim Mercedes 300 SD gemessen worden waren. Auffallend war, daß der gleiche Motor in einem Oldsmobile die Werte 50, 58 und 61 dBA lieferte. Auch die Beschleunigungsdaten von 0 auf 100 km/h waren interessant, denn der Seville mit Benzinmotor brauchte 13,3 Sekunden und die Dieselversion 15,7 Sekunden, während der Mercedes 300 SD 16 Sekunden benötigte.
Die zweite Neuigkeit, die der Seville zeigte – übrigens als erstes Auto in den USA –, war ein Bordrechner als Zubehör. Es handelte ich um einen Reisecomputer, der über allgemeine Daten und Betriebsdaten Auskunft geben konnte, wie den momentanen und mittleren Brennstoffverbrauch, die verbliebene Reichweite in Meilen, die Duchschnittsgeschwindigkeit, die Uhrzeit, die Motorendrehzahl, die Temperatur, die verstrichene Reisezeit und die noch zu bewältigende Strecke.

Der Eldorado der dritten Generation

Der Cadillac Eldorado 1979 mußte vor allem in seinen Abmessungen reduziert werden. Wie der nachfolgenden Tabelle zu entnehmen ist, waren die Unterschiede deutlich.
Trotzdem bot das neue Coupé mehr Innenraum als seine Vorgänger. Der vordere Fußraum nahm um zwei Zentimeter, der hintere um respektable neun Zentimeter zu. Die Sitzhöhe stieg hinten von 93 auf 96 Zentimeter an.
Auch mechanisch wurde der Eldorado aufgefrischt. Hinten wurde die Starrachse durch Einzelradaufhängungen ersetzt. Nun konnte auch hier wie bei allen Cadis ein Dieselmotor eingebaut werden. Die Ausnahme blieb allein die Limousine. Der V8-Motor im Eldorado hatte einen Inhalt von 5.737 cm^3 (es war derselbe Benziner mit Benzineinspritzung, der auch in den Seville verwendet wurde) und eine Leistung von 172 PS. Der Diesel lieferte 127 PS. Ein wirklich rassiges Auto konnte man den Fronttriebler nicht mehr nennen, denn mit bleifreiem Benzin erreichte er eine Spitze von 180 km/h, mit Diesel 155 km/h. Die teuerste Ausführung war wieder der Eldorado Biarritz, der ein Dach aus poliertem rostfreiem Edelstahl hatte, zudem gegossene Aluminiumräder und etwas mehr Chrom.

ELDORADO	***1978***	***1979***
RADSTAND (cm)	321	290
SPUR (cm)	162/162	151/154
LÄNGE (cm))	569	518
BREITE (cm)	203	182
HÖHE (cm)	138	138
GEWICHT (kg)	2.290	1.750

Der Sedan, das Coupé de Ville, der Fleetwod Brougham und die Limousine hatten noch den 6.966 cm^3 großen V8-Motor, der mit einem Vierfachvergaser oder mit einer elektronischen Benzineinspritzung ausgerüstet war. Auch 1979 war die auffallendste äußerliche Veränderung wohl der obligate neue Grill.
Die Cadillacs wurden nicht nur an der Clark Avenue in Detroit hergestellt. Dort entstanden der Sedan, das Coupé de Ville, der Fleetwood Brougham, der Seville, die Fleetwood Limousine und die Rolling Chassis für die Leichen- und Krankenwagen. Der Eldorado entstand in Linden im Staate New Jersey, während die De Villes neben Detroit auch in South Gate, Kalifornien, gebaut wurden. Die letzteren waren nicht identisch mit den Wagen aus Detroit, da die Abgasvorschriften in Kalifornien viel strenger waren als in den übrigen US-Staaten.

Von der De-Ville-Serie verkaufte Cadillac 1979 mehr Autos, als aus seinem gesamten übrigen Angebot. Hier der Sedan de Ville (oben).
Der Eldorado in seiner luxuriösen Version „Biarritz" war deutlich kompakter als seine Vorgänger.

Frontantrieb auch beim Seville

1980 erhielt der Seville, hier in seiner „d'Elegance"-Ausführung, eine neue Karosserie und Vorderradantrieb.

Der Biarritz war die teuerste Ausführung des Eldorado. Er kam mit elektronisch gesteuerter Klimaanlage, elektrischem Niveauausgleich und Vierradscheibenbremsen auf den Markt. Hier ein Wagen aus dem Modelljahr 1980.

Der Genfer Salon ist bekannt für seine Weltpremieren, und so konnten auch 1980 viele neue Wagen bewundert werden. Audi Quattro, Ferrari, Mondial, Fiat Panda, Lotus Esprit Turbo, Peugeot 305 Break, der Range Rover als Fünftürer, Renault Fuego und Saab Turbo APC. Die Liste der Europa-Premieren war noch viel länger. Hier fand man den völlig überarbeiteten Cadillac Seville mit Vorderradantrieb, – in Kombination mit den Einzelradaufhängungen auf allen vier Rädern auch eine amerikanische Premiere. Als erster Personenwagen Amerikas konnte der Seville zudem einen V8-Dieselmotor in seiner Standardausführung aufweisen. Den Benziner gab es nur auf Wunsch. Der Diesel-V8-Motor mit 5,7 Liter Hubraum leistete 105 PS. Das war genug, um bei einem Verbrauch von etwa 13 Litern auf 100 Kilometer eine Spitze von 150 km/h zu erreichen. Der Benzinmotor hatte einen Inhalt von 6.045 cm^3 und eine Leistung von 147 PS. Das reichte für eine Höchstgeschwindigkeit von 180 km/h. Der 6-Liter-V8-Motor wurde diesmal bei Cadillac entworfen. In seiner Vergaser-Version war er für die De-Ville- und Fleetwood-Brougham-Serien gedacht, während eine digitale, indirekte elektronische Benzineinspritzung für den Eldorado und den Seville bestimmt war. Auch die Karosserie des Seville war völlig neu, und wenn sie auch nicht nach jedermanns Geschmack war, „anders“ war sie mit ihrem angehängten Kofferraum in jedem Fall. Der Entwurf stammte von Wayne Cady, einem Designer, der wohl ein Bewunderer der englischen Karossiers Hooper

und Vanden Plas gewesen sein muß. Auch die übrigen Cadillac-Modelle (es standen 1980 sieben Basis-Serien zur Verfügung) hatten neue Karosserien erhalten. Die preisgünstigsten waren wieder die Coupé und die Sedan de Ville. Dann folgten der Fleetwood Brougham, der Eldorado, der Seville, die Limousine und die Formal Limousine. Mitte 1980 erschien der Fleetwood Brougham auch als zweitüriges Coupé.
Ein Zeichen, daß sogar Cadillac Autos bauen konnte und wollte, war ein V6-Motor, der 1980 in die De-Ville-Modelle eingebaut wurde. Es war der erste Sechszylinder für Cadillac seit 66 Jahren. Er war bei Buick entwickelt worden, hatte einen Hubraum von 4.128 cm^3 und eine Leistung von 127 PS. Dieser V6-Motor konnte in alle Modelle, mit Ausnahme der Limousine, eingebaut werden. In den Wagen mit Vorderradantrieb war der Motor an einen Dreigang-Automat montiert worden, während die Wagen mit Hinterradantrieb einen Automaten mit vier Gängen erhielten.

ZYLINDER	V6	V8	V8
HUBRAUM (cm^3)	4.128	5.737	6.045
BOHRUNG x HUB (mm)	101 x 86	103 x 86	103 x 97
KOMPRESSION	8 : 1	22,5 :1	8,2 : 1
LEISTUNG (PS bei U/min)	127/3.800	106/3.200	142/3.800
GEMISCHAUFBEREITUNG	Vergaser	Diesel-Einspr.	Vergaser/Einspr.

Die De Ville-Serie von Cadillac des Jahrganges 1980. Unter der langen Haube steckt ein neuer Motor mit sechs Liter Hubraum.

„Cimarron by Cadillac"

Auf der Ausstellung „Automobile and Culture Detroit Style" erschien Cadillac 1985 mit dem Cimarron als Cabriolet. Es blieb bei einem Versuch (oben). Der Cimarron, hier als Cimarron d'Oro, war schon 1985 gründlich geändert worden, so daß 1986 ein kleiner Facelift genügte.

Für 1981 hatten die Ingenieure bei Cadillac sich einiges einfallen lassen. „Brennstoff sparen" hieß die Devise, die immer noch über ihren Zeichenbrettern geschrieben stand. Ihre Antwort darauf war der „V8-6-4"-Motor. Dieser 6-Liter-Motor mit Zylinderabschaltung wurde zum Standardmotor in allen Cadis mit Ausnahme des Seville. Aber auch hier konnte er auf Wunsch eingebaut werden. In dem Motor arbeiteten immer nur so viele Zylinder, wie erforderlich waren. Bei niedrigen Geschwindigkeiten waren es vier, in einem Übergangsbereich sechs, und bei Vollgas arbeiteten alle acht Zylinder. Auch im Leerlauf und während der Anwärmphase waren alle acht Zylinder eingeschaltet, um einen möglichst runden Lauf zu gewährleisten. Das Abschalten der nicht benötigten Zylinder erfolgte durch Stillegung der betreffenden Ein- und Auslaßventile – ein Vorgang, der durch Mikroprozessoren gesteuert wurde. Vor allem für die amerikanischen Autobahnen, wo eine Geschwindigkeit von 55 Meilen oder 80 km/h nicht überschritten werden darf, eignete sich das System sehr gut. Bis etwa 100 km/h arbeiteten nur vier von acht Zylindern, der Benzinverbrauch betrug dann 13 bis 14 Liter pro 100 Kilometer. Wurde das Gaspedal jedoch durchgetreten, schluckten die acht Zylinder gut und gerne 20 Liter.

	CIMARRON	**AUDI 100**
RADSTAND (cm)	257	267
LÄNGE (cm)	440	469
BREITE (cm)	165	177
HÖHE (cm)	132	139
ZYLINDER	4	5
HUBRAUM (cm³)	1.841	1.921
LEISTUNG (PS bei U/min)	89/5.100	100/5.400

In Mai 1981 erhielt Cadillacs preisgünstigstes Modell, das Coupé de Ville, ein noch billigeres Brüderchen, den „Cimarron". Der „kleine" Seville mußte es mit Wagen wie dem teuersten Mercedes oder dem Jaguar aufnehmen, war aber als Konkurrent für den Volvo, Honda oder Audi gedacht. Mit einem „richtigen" Cadillac hatte das neue Modell nur noch den Namen gemeinsam. Das Werk inserierte ihn als Sport Sedan und verwies voller Stolz auf den Drehzahlmesser. Weniger als ein Jahr hatte Cadillac vom Entwurf bis zur Produktion gebraucht. Eine sehr kurze Zeit, auch wenn man weiß, daß der neue Viertürer eigentlich nicht viel anders aussah als ein
Pontiac J 2000 oder ein Chevrolet „Cavalier", allein das Heck und die Front waren etwas anders. Mit einer Länge von 440 Zentimetern war der Cimarron 122 Zentimeter kürzer als das Coupé de Ville, und tatsächlich hatte Cadillac seit 1905 kein so kleines Auto mehr gebaut. Unter der Motorhaube fand man den quer eingebauten Vierzylinder mit einem Hubraum von 1.841 cm^3. Er trieb über ein handgeschaltetes Vierganggetriebe die vorderen Räder an. Auf Wunsch konnte das Auto auch mit einem Getriebeautomaten bestellt werden. Mit einem Doppelvergaser ausgerüstet und mit 9:1 hoch verdichtet, lieferte der Motor 88 Pferdestärken – keine Meisterleistung, da die hängenden Ventile noch durch eine seitlich montierte Nockenwelle angetrieben wurden.

Der Kunde wollte und durfte aber doch etwas Luxus erwarten. Der wurde in allen Cimarron mit Lederinterieur, Servolenkung und Servobremsen, Klimaanlage, elektrisch verstellbaren Außenspiegeln und einem Radio mit vier Lautsprechern geboten.

Die Fachzeitschriften zerrissen den neuen Wagen. Er sei kein „richtiger" Cadillac. Aber sogar die strengsten Kritiker mußten zugeben, daß die Verarbeitung des Wagens große Klasse war.

Die Straßenlage war sehr gut – sogar im Vergleich mit europäischen Wagen. Alle vier Räder wurden unabhängig voneinander einzeln geführt und mit Schraubenfedern gefedert. Kurvenstabilisatoren gab es sowohl vorne als auch hinten. Da die Cadis bereits 1980 eine neue Karosserie erhalten hatten, gab es hier 1981 kaum Änderungen. Nur neue Stoßstangen und ein neues Kühlergitter wurden montiert. Der Eldorado Biarritz erhielt neue Radkappen und einen kleinen Spoiler unter der vorderen Stoßstange.

1981 ersetzte der kleine „Cimarron" das Coupé de Ville.

Cadillac
Best of all...
it's a Cadillac.

Und schon wieder ein neuer V8-Motor

Alle, die für das Modelljahr 1982 etwas Neues erwartet hatten, wurden enttäuscht. Die Modelle sahen aus wie gehabt. Neue Radkappen, ein neuer Grill und kleinere Heckscheiben in den Fleetwood-Brougham-Modellen waren die einzig sichtbaren Unterschiede. Unter dem Blech war allerdings einiges geändert worden. Der Seville-Kunde mußte den Dieselmotor nun extra bestellen, weil der Wagen in der Standardausführung wieder mit einem Benzinmotor geliefert wurde. Der Grund für diese Änderung war wohl der völlig neue V8-Motor, den die Ingenieure von Cadillac entwickelt hatten. Er wies folgende Spezifikationen auf:

ZYLINDER	V8
MOTORBLOCK	Aluminium
HUBRAUM (cm³)	4.087
BOHRUNG X HUB (mm)	88 x 84
KOMPRESSION	8,5 : 1
LEISTUNG (PS bei U/min)	127 bei 4.200
BENZINEINSPRITZUNG	elektronisch
ZÜNDUNG	Transistor

Dieser neue Motor gehörte zur Standardausrüstung der De Ville, der Fleetwood Brougham, der Eldorado und der Seville. Der 1981 noch so gerühmte V8-6-4-Motor konte nur noch in den beiden Limousinenversionen bestellt werden.
Erst im Spätsommer 1982 erschien der Eldorado in einer speziellen Ausführung. Das Werk präsentierte ihn als Eldorado Touring Coupé. Die Unterschiede zum normalen Coupé lagen vor allem in der Technik. Natürlich hatte das Coupé den neuen V8-Motor mit 4,1 Litern Hubraum unter der Haube. Er war verbunden mit einer Viergangautomatik mit Overdrive. Die Federung war härter und sportlicher geworden. Das Auto stand auf speziellen Aluminiumrädern, deren Befestigungsschrauben sichtbar waren. Die Scheinwerfer-Ringe waren nicht verchromt, sondern in der Wagenfarbe Silbermetallic lackiert. Eine andere Farbe wurde nicht angeboten. Die mattschwarz lackierten Scheibenwischerarme gaben dem Auto einen sportlichen Akzent.
Nachdem die amerikanische Autoindustrie einige magere Jahre erlebt hatte, schien es 1983 wieder aufwärts zu gehen. Seit 1979 hatte Cadillac die 300.000-Marke nicht mehr erreichen können. Aber nun wurden 308.537 Autos verkauft. General Motors feierte 1983 den 75. Geburtstag und konnte voller Stolz eine Gesamtzahl von 235 Millionen gebauten Fahrzeugen nennen. Als größter Automobilproduzent stellte GM 1983 weltweit 6.230.536 Personenwagen und Kombis her, was einer Tagesproduktion von etwa 30.000 Fahrzeugen entsprach. 670.000 Arbeitnehmer wurden 1983 beschäftigt, was GM 17 Milliarden Dollar an Gehältern, 2,2 Millarden an Steuern und 1,6 Millarden Dollar an Pensionszahlungen kostete. Aber zurück zu Cadillac.
Der Cimarron war auch 1983 der Junior in der Cadillac-Familie, wurde aber immer noch nicht als richtiges Mitglied anerkannt – nicht einmal nachdem der 1,8-Liter-Vergasermotor gegen einen 2-Liter-Vierzylinder mit Benzineinspritzung ausgewechselt worden war. Nach wie vor verfügte der Kleine über 89 PS. Das Vierganggetriebe wurde durch eines mit fünf Gängen ersetzt. Der Cimarron erreichte nun eine Spitze von 160 km/h.
Der zweitkleinste Cadillac in den Abmessungen war weiter der Seville, der äußerlich kaum verändert worden war, aber einen stärkeren V8-Motor unter der Haube hatte. Zehn zusätzliche Pferdestärken hatten die Techniker aus dem Motor gezaubert, der so über 135 PS verfügte. Auch die übrigen Modelle, das Coupé de Ville, seine viertürige Ausführung, der Sedan de Ville, der Fleetwood Brougham und der Eldorado hatten den neuen Motor und einen minimalen Facelift erhalten. Dieser bezog sich auf neue Blinkergläser und neue Schriftzüge. Die beiden Limousinen, der Achtsitzer und der Siebensitzer mit Glastrennwand, konnten nur mit dem V8-6-4-Motor geliefert werden und hatten das automatische Getriebe THM-400 mit drei Gängen.
Auch diese Wagen wurden optisch verändert.

Abgesehen von kleinen Modifikationen, zum Beispiel am Grill, waren der Fleetwood Eldorado und der Biarritz 1982 praktisch identisch mit den Modellen von 1979 (oben). Der Sedan de Ville erhielt 1983 einen stärkeren Motor mit 135 PS Leistung.

Der 1983er Fleetwood Brougham Sedan war äußerlich praktisch identisch mit seinem Vorgänger.

Siegeszug der Elektronik

1984 fing für Detroit wieder eine goldene Zeit an. Die Durststrecke war überstanden. General Motors verkaufte 44 Prozent mehr Autos als im Jahre 1983. Cadillac konnte die stolze Bilanz von 328.418 verkauften Wagen aufweisen. Auch den anderen amerikanischen Auto-Giganten ging es gut. So verkauften Ford 77 Prozent, Chrysler 59 Prozent und American Motors sogar 187 Prozent mehr als im Jahr zuvor. Der US-Bürger hatte wieder Geld und gab es gerne für teuere Autos aus. Ford nutzte die Gunst der Stunde und kam mit dem neuen Lincoln Continental Coupé auf den Markt. Cadillac versuchte, die Käuferschar mit einem Eldorado Cabriolet zu locken. Diese offene Ausführung wurde bei der „American Sunroof Corporation" karossiert, einer Firma, deren Inhaber Heinz Prechter aus Deutschland stammte. 30.000 Dollar oder 80.000 Mark kostete das Eldorado Cabriolet, das – an europäischen Maßstäben gemessen – nicht sehr verwindungsfest war.

General Motors erschien 1984 vermehrt mit Fronttrieblern auf dem Markt. Auch die Cadillac wurden umgerüstet. Der De Ville und der Eldorado erschienen mit Vorderradantrieb. Sie hatten den gleichen Motor, einen quer eingebauten V8 mit einem Hubraum von 4,1 Litern und einer Leistung von 144 PS bei 4.300 Um-

Der Fleetwood Brougham d'Elegance konnte 1986 mit Speichenrädern bestellt werden. Es war das längste, größte und schwerste Auto, das Amerika in Serie herstellte.

1984 erschien der Eldorado wieder als Cabriolet. Damit ging für viele Liebhaber von Cadillac ein langgehegter Wunsch in Erfüllung (links). Ein Coupé de Ville von 1984 (rechts).

drehungen. Zur Standardausführung gehörten 1984 ein Turbo-Hydra-Matic-Getriebe mit drei Gängen, Overdrive, Niveauregulierung und eine elektronisch gesteuerte Klimaanlage. Als Zubehör konnte man eine Diebstahlschutzanlage einbauen lassen, die durch ein Gewicht von mehr als 18 Kilo auf dem Fahrersitz ausgelöst wurde. Das System, das eine Anlaßsperre beinhaltete, löste einen Hupton aus und ließ die Scheinwerfer aufleuchten, sobald Türen und Kofferdeckel gewaltsam geöffnet wurden.
Elektronik wurde von 1984 an groß ge-

schrieben. Es war den Technikern gelungen, mehr als 2.250 elektronische Komponenten in den Seville einzubauen. Hier noch einige Daten für den Liebhaber von Elektronik: Es gab sechs Mikroprozessoren, 99 integrierte Schaltkreise, 252 aktive Elektronik-Elemente wie Transistoren und 1.900 passive Elemente wie Widerstände und Kondensatoren.

Im Frühjahr 1984 erhielten die De Ville und die Fleetwood neue Karosserien, sogenannte C-Bodies, womit das Modelljahr 1985 doch sehr früh eingeläutet wurde. Wie die Tabelle zeigt, waren die neuen Wagen bedeutend kleiner als ihre Vorgänger. Der Motor war nun quer eingebaut.

	1984	1985
RADSTAND (cm)	309	282
LÄNGE (cm))	562	495
BREITE (cm)	194	184
HÖHE (cm) SEDAN	141	140
COUPÉ	139	140
GEWICHT (kg)		
COUPÉ DE VILLE	1.785	1.510
SEDAN DE VILLE	1.810	1.540
FLEETWOOD COUPÉ	1.810	1.520
FLEETWOOD SEDAN	1.830	1.550
MOTOR	V8	V8
HUBRAUM (cm^3)	4.087	4.087
BOHRUNG x HUB (mm)	88 x 84	88 x 84
KOMPRESSION	8,5 : 1	9,0 : 1
LEISTUNG		
(PS bei U/min)	137/4.400	144/4.300
ANTRIEB	hinten	vorne

Diese Modelle waren auch mit dem immer weniger verlangten Dieselmotor erhältlich. Für 1985 hatte man den V8-Diesel, der 5,7 Liter Hubraum und 106 PS aufwies, durch einen V6 mit 4,3 Litern und 86 Pferdestärken ersetzt. Somit schrumpfte die Höchstgeschwindigkeit von 150 km/h auf 140 km/h, was die Amerikaner aber wenig störte.

In der bekannten schweizerischen Fachzeitschrift „Automobil Revue", wurde der De Ville ausführlich besprochen. Der Testfahrer verwendete Stichwörter wie „klein aber fein, luxuriös, geräumig, überaus komfortabel, sparsam und vollständig ausgerüstet", womit eigentlich schon alles über den Wagen gesagt ist. Die Meßergebnisse der Schweizer zeigten einen durchschnittlichen Benzinverbrauch von 12,4 Litern bleifreiem Benzin auf 100 Kilometer. Bei einer Geschwindigkeit von 80 km/h verbrauchte das Auto 7,1 Liter, bei 160 km/h waren es 17,2 und bei voller Beschleunigung 33 Liter. Die 100-km/h-Grenze wurde aus dem Stand in 13,6 Sekunden erreicht, als Spitze wurden 175 km/h notiert. Das Auto hatte ein Leergewicht von 1.565 Kilo, kostete 78.200 Franken und war mit Seitenfensterentfrostung, elektrischer Sitzverstellung, Lenkradverstellung, Lederpolsterung, Radio/Tonband mit automatischem Sendersuchlauf, Klimaanlage, getönten Scheiben, elektrischen Fensterhebern, Zentralverriegelung, Kofferdeckelentriegelung von innen und Tempomat ausgerüstet. 32,5 Millionen Personenwagen „spuckten" die Automobilfabriken 1985 weltweit aus. Nach vorsichtigen Schätzungen fuhren auf den Straßen der westlichen Welt eine halbe Milliarde Motorfahrzeuge aller Art. General Motors hatte 1985 mehr als 4,8 Millionen Personenwagen in seinen nordamerikanischen Fabriken gebaut. Bei Cadillac waren es 326.000. Stolze Zahlen, aber weniger hoch als im Jahr zuvor. Das Folgejahr 1986 sollte noch weniger gut laufen, Cadillac produzierte „nur noch" 316.000 Autos.

Das lag sicherlich nicht am Angebot, denn das war reichhaltig und interessant. Der kleine Cimarron hatte 1985 einen größeren Facelift erhalten und wurde 1986 unverändert mit einem 2-Liter-Vierzylinder-Motor oder mit einem 2,8 Liter-V6 angeboten – je nachdem, ob der Käufer 88 PS oder 129 PS bevozugte.

Der Seville erhielt eine komplett neue Karosserie mit kompakteren Abmessungen:

	1984	1985
RADSTAND (cm)	290	275
LÄNGE (cm))	520	478
BREITE (cm)	180	180
HÖHE (cm)	138	137
GEWICHT (kg)	1.725	1.555

Das nicht von allen Kunden geschätzte Heck des alten Seville wurde durch das schon bekannte des De Ville und Fleetwood-Coupé ersetzt, damit ging allerdings ein Stückchen Identität verloren. Der Seville war mit 26.834 Dollar auch für den Amerikaner ein teures Auto. Noch etwas teurer war der luxuriöse Seville Elegante mit seiner Zweifarben-Lackierung, besserer Qualität der Lederpolsterung und der Bodenteppiche.

Der nun quer eingebaute 4,1-Liter-V8-Motor leistete 5 PS weniger. Aber da der Wagen viel leichter geworden war, reichten die verbliebenen 130 PS für eine Spitze von 180 km/h.

Der vielgepriesene Dieselmotor – einst der Standardmotor der Seville – wurde 1986 nicht mehr eingebaut.

Die Federung war überarbeitet worden. Vorne und hinten fand man wieder Schraubenfedern. Hinten wurden sie unterstützt durch ein quer eingebautes Fiberglas-Blattfederpaket. Die Fahrqualität wurde weiter verbessert, was aber immer noch nicht bedeutete, daß sich ein Seville gleich handlich auf kurvenreichen Straßen fahren ließ wie ein europäisches Auto.

Die De-Ville- und Fleetwood-Serien änderten sich 1986 wenig oder gar nicht. Der Dieselmotor wurde auch in diese Fahrzeuge nicht mehr eingebaut.

Der Fleetwood Brougham war 1986 der einzige Cadillac mit Hinterradantrieb. Er war der längste, größte und schwerste serienmäßig hergestellte Luxuswagen aus Amerika und wurde durch einen 5-Liter-V8-Motor mit 140 PS angetrieben. Um das Gewicht des Wagens zu reduzieren – er brachte 1.850 Kilo auf die Waage –, hatte man vielfach mit Aluminium gearbeitet, was auch die Aluminiumräder zeigten. Das Modell „d'Elegance" konnte auf Wunsch des Kunden auch mit Speichenrädern geliefert werden.

Das Leben des neuen Eldorado-Cabriolet war kurz. Schon 1986 fand man ihn nicht mehr im Katalog. Das Spitzenmodell von Cadillac war nur noch als zweitüriges Coupé erhältlich. Auch dieses Auto hatte man drastisch geändert. Der Dieselmotor konnte hier natürlich auch nicht mehr eingebaut werden, was aber kein großer Verlust war. Der neue V8-Motor stand quer unter der Haube. Den Eldorado hatte man auch in den Schrumpfungsprozeß einbezogen. 1986 präsentierte er sich abgesehen von seiner Breite, die nun 180 Zentimeter statt

182 Zentimetern betrug, in den gleichen Abmessungen wie der Seville. Das Gewicht des Wagens war von 1.695 Kilo auf 1.525 Kilo reduziert worden, was sowohl der Höchstgeschwindigkeit von 180 km/h als auch dem Benzinverbrauch zugute kam. Das Werk versprach im Stadtverkehr einen Verbrauch von etwa 14 Litern auf

Cadillac Fleetwood Brougham Sedan d'Elegance.

Der Seville erschien zum Modelljahr 1986 mit einer neuen, etwas kleineren Karosserie.

Den Seville Elegante erkannte man an der Zweifarben-Lackierung. Hier ein Wagen aus dem Modelljahr 1986.

100 Kilometer. Auf der Autobahn reduzierte er sich auf etwa neun Liter. Auch die Beschleunigung des Wagens war verbessert worden, weil das automatische Getriebe im ersten Gang ein höheres Übersetzungsverhältnis aufwies. Cadillac bot sogar ein „Sport-Paket" für den Eldorado an. Es umfaßte stärkere Federn, 45 Zentimeter breite Aluminiumräder mit Eagle-GT-Reifen und einen Kurvenstabilisator hinten.

„Alles neu!" riefen die Werbeleute von Cadillac wieder, als die Modelle für 1987 angepriesen wurden. Das stimmte zwar nicht, aber ein paar Änderungen gab es schon. Gut, der kleine Cimarron sah noch aus wie im Jahr zuvor, allerdings war er jetzt nur noch mit dem 125-PS starken 2,8-Liter-V6-Motor erhältlich. Der Seville hatte schon 1986 eine neue Karosserie erhalten, deshalb blieben große Änderungen aus. Aber etwas mußten die Verkäufer natürlich in der Hand haben, um ihrer Kundschaft ein neues Auto schmackhaft machen zu können. Ihre Argumente waren die neuen Motoraufhängungen, neue Türschlösser und Sitzpolster. Bei den De-Ville- und Fleetwood-Serien mußte man sich mit einem neuen Grill, neuen Scheinwerfern und Standlichtern zufriedengeben. Der Wagen war in einer neuen Farbkombination erhältlich, gegen Aufpreis bekam man sie auch mit Vinyldach, das Cabriolet-Atmosphäre schaffen sollte.

Rost ist auch bei den amerikanischen Wagen immer ein Problem gewesen. Cadillac löste es 1987 durch Galvanisierung oder Verzinkung der Karosserie und 100 anderer Teile, die Spritz- oder Salzwasser ausgesetzt sind. Das gelang so gut, daß Cadillac für seine Produkte fünf Jahre oder 100.000 Meilen Rostgarantie geben konnte.

Die Fleetwoodlimousinen kamen auch 1987 in zwei Varianten als Fleetwood-Seventy-Five- und als Seventy-Five-Formal-Limousine heraus. Die Wagen hatten einen wirklichen Facelift erhalten und waren vier Zentimeter kürzer. Cadillac warb damit, daß die Limousine nun in jeder amerikanischen Garage Platz hätte.

Luxus wurde auch bei diesen Repräsentationsfahrzeugen mit großen Buchstaben geschrieben. So fanden die hinteren Passagiere neben ihren Sitzen Schalter, mit denen sie die hinteren Türen elektrisch öffnen und die Fensterheber, die Klimaanlage, die Heizung und das Radio bedienen konnten.

Der Fleet-wood sixty special

Die Fleetwood-Serie wurde 1987 durch ein neues Modell mit dem altbekannten Namen Fleetwood Sixty Special erweitert. Der Fleetwood d'Elegance hatte für den neuen Wagen Pate gestanden. Der Radstand war von 282 auf 295 Zentimeter verlängert worden, die Gesamtlänge wuchs von 496 auf 513 Zentimeter. Das bedeutete mehr Platz für die Fondpassagiere. Sie fanden jetzt eine Fußraste, auf die sie ihre Füße mit ausgestreckten Beinen aufsetzen konnten. Unnötig zu sagen, daß dieses Modell alle Luxusaccessoires aufwies, die Cadillac zu bieten hatte. Auch das Vinyldach und die Speichenräder gehörten zur Standardausführung.

Der Cadillac Fleetwood Brougham war bei Königen, Präsidenten und Industriekapitänen sehr beliebt. Hier ein 1987er Exemplar mit Hinterradantrieb (oben). Die Presidental-Limousine hatte 1988 eine Länge von 679 Zentimetern und war somit um 280 Zentimeter länger als der Volkswagen Golf. Sie war ein Achtsitzer, Chauffeur und Bodyguard vorne, sechs Personen hinten.

Allanté

Der Allanté erhielt den Titel „Flop des Jahres 1987". Hier steht er mit Hardtop auf der Los-Angeles-Motorshow (oben). Für 1993 erhielt der Allanté eine neue Hinterradaufhängung (rechts).

Im Dezember 1985 waren 200 geladene Journalisten in Detroit Zeugen gewesen, wie Verträge zwischen Cadillac, dem italienischen Karosseriebauer Pininfarina und den beiden Luftfahrtgesellschaften Alitalia und Lufthansa abgeschlossen wurden. Gegenstand der Verträge war ein neues zweisitziges Cabriolet, für das Pininfarina die Karosserien liefern sollte. Diese wurden von Turin mit Jumbo-Jets vom Typ Boeing 747 nach Detroit geflogen, wo man sie zu fertigen Autos zusammenbaute.

Die Karosserien wurden bei Pininfarina in Grugliasco zusammengeschweißt und lackiert. Dann wurden sie zu einer speziell zu diesem Zweck gebauten Fabrik in San Giorgio Canavese in der Nähe des Flughafens Caselle gebracht. Hier wurden die Aufbauten mit einer Innenausstattung versehen und für den Transport fertiggestellt. Von dem Wagen, der „Allanté" genannt wurde, sollten im ersten Jahr 7.000 Exemplare gebaut werden. Danach sollte die Produktion auf 8.000 Einheiten pro Jahr gesteigert werden.

An alles war gedacht worden. Die Jumbos – zwei gehörten der Lufthansa und der dritte der Alitalia – wurden so eingerichtet, daß sie dreimal pro Woche je 56 fertiggestellte Allanté-Karosserien nach Detroit fliegen konnten. Auf dem Rückflug nach Italien nahmen sie die 108 durch Pininfarina benötigten Teile mit: Bodengruppen (diese wurden in der Hamtramck-Fabrik von 42 Robotern und 65 Automaten zusammengeschweißt), Klimaanlagen, Radios, Lenksäulen, Scheibenwischermotoren, usw.

Der erste Allanté sollte auf dem Genfer Salon im März 1986 gezeigt werden. Aber durch Streiks und Produktionsschwierigkeiten mußte die Vorstellung bis zum Pariser Salon im September 1986 verschoben werden. Damit gehörte der neue Wagen automatisch zum Jahrgang 1987. Das zweisitzige Cabriolet sollte ein direkter Konkurrent zu den Mercedes-SL-Modellen werden, wie auch seine Dimensionen zeigen:

	CADILLAC ALLANTÉ	MERCEDES 560 SL
RADSTAND (cm)	253	246
LÄNGE (cm)	454	439
BREITE (cm)	187	179
HÖHE (cm)	133	131
GEWICHT (kg)	1.585	1.510
MOTOR	V8	V8
HUBRAUM (cm^3)	4.087	5.547
LEISTUNG (PS bei U/min)	172/4.100	230/4.750

Wie alle modernen Cadillac hatte auch der Allanté den V8-Motor quer im Bug sitzen, der Antrieb erfolgte über die Vorderräder.
Der Allanté war, abgesehen vom Kühlergitter, ein italienischer Entwurf. Gediegener Luxus kenzeichnete das zweisitzige Cockpit, das in echtem Leder gehalten war, nach Wunsch naturfarben oder burgunderrot. Das Armaturenbrett in den für den amerkanischen Markt bestimmten Wagen hatte Digitalanzeige, während die anderen Exportwagen analoge Anzeigeinstrumente erhielten. Die in Deutschland bei Recaro hergestellten Sitze waren elektrisch in zehn verschiedene Positionen verstellbar, und auch sonst war das Auto mit Elektronik vollgestopft. Auffallend und ein wenig enttäuschend bei so viel moderner Ausstattung war, daß das Stoffverdeck von Hand geöffnet und geschlossen werden mußte.
Die geplanten 7.000 Wagen wurden im ersten Jahr bei weitem nicht gebaut. Die Erwartungen waren schon im Modelljahr 1987 auf 4.000 Stück zurückgeschraubt worden. Als das Jahr dann aber am 30. September 1987 abgeschlossen wurde, waren nur 1.651 Allanté ausgeliefert worden. Die ersten waren noch für 54.700 Dollar verkauft worden, die letzten von 1987 kosteten schon 56.533 Dollar. Die Welt hatte also nicht auf den Allanté gewartet. Von der anerkannten Fachzeitschrift „Automotive News“ erhielt er die für Cadillac wenig erfreuliche Auszeichnung „Flop des Jahres 1987“.
Im Januar 1988 erlaubte man dem Cimarron zu sterben. „Klinisch tot“ war das Auto schon lange, und wirklich „gelebt“ hatte es nie. Der Kleinwagen war ein Fehler gewesen. Es hatte aber lange gedauert, bis General Motors und Cadillac das eingestehen konnten. Obwohl 1986 das beste Jahr des Cimarron gewesen war, hatte man mit 24.209 Exemplaren noch weniger verkauft als Jaguar oder Yugo. 1987 waren es kaum noch 15.000 Stück, darum versuchte man noch einmal, den Wagen für 1988 attraktiver zu machen. Man montierte neue Aluminiumräder, verbesserte die Klimaanlage und bot sogar neue Außenlackierungen an. Es half alles nichts. So verschwand das Auto sang- und klanglos aus dem Programm.
Für das Modelljahr 1988 nahm man den Seville noch einmal genau unter die Lupe. Der vordere Teil der Karosserie von der Windschutzscheibe bis zur Stoßstange wurde neu gestaltet und sah auch wirklich besser aus. Unter der Motorhaube fand man einen neuen Motor, einen querstehenden V8 mit einem Hubraum von 4.467 cm^3 und einer Leistung von 157 PS. Er war größer im Volumen und 20 Prozent stärker als sein Vorgänger, aber mit einem Verbrauch von 11 bis 15 Litern auf 100 Kilometer genauso sparsam.
Zum neuen Motor kamen eine verbesserte Bremsanlage, bessere Radaufhängungen und in sechs Positionen verstellbare vordere Sitze. Das alles gehörte zur Standardausrüstung des Seville. Der Wagen konnte 1988 in 17 verschiedenen Außenfarben geliefert werden. Cadillac vertraute dem Seville so sehr, daß die Garantie verlängert wurde: bis zu 100.000 km oder sechs Jahre auf den Motor und sechs Jahre oder 160.000 km auf das Durchrosten der Karosserie. Auf die übrigen Teile wurden fünf Jahre oder 100.000 km Garantie gegeben.
Die Standardausrüstung war reichhaltig. Sie umfaßte unter anderem: Vierradscheibenbremsen, Viergangautomatik mit Overdrive, Cruise Control, Servolenkung, verstellbares Lederlenkrad, elektronisch gesteuerte Klimaanlage, elektrische Fensterheber, Bordcomputer.
Dann kam die STS-(Seville-Touring-Sedan)-Ausführung heraus, die auf der „Chicago Automobil Show“ im Februar 1988 vorgestellt wurde. Der STS hatte eine ABS-Bremsanlage, eine Sportfederung, Aluminiumräder, Goodyear-Eagle-Reifen, Zentralverriegelung, 12fach elektrisch verstellbare Vordersitze und Schalensitze hinten. Dem Seville-STS-Kunden blieben nur noch sieben Extras, die nicht zur Standardausführung des Wagens gehörten. Die wichtigsten davon waren ein Telefon, ein Delco-GM-Bose-Radio und ein Sonnendach.
Den neuen 4,5-Liter-Motor fand man auch in den De-Ville-, Sixty-Special- und Fleet-

Der Brougham war auch 1988 der einzige Cadillac mit Hinterradantrieb.

Der Seville und der STS wurden 1989 praktisch unverändert weitergebaut.

1989 präsentierte sich der Sedan de Ville mit einer neuen, elf Zentimeter längeren Karosserie.

Einen acht Zentimeter längeren Radstand und ein Längenzuwachs von 23 Zentimetern kennzeichneten den Fleetwood Sedan von 1989.

wood-Serien. Das war der größte Unterschied, den man zwischen den Modellen von 1987 und denen von 1988 feststellen konnte. Die Wagen verkauften sich gut, auch wenn sie vom Aussehen her schon einige Jahre auf dem Buckel hatten. Die Kundschaft war zufrieden damit.

Auch 1988 war der Brougham der einzige Cadillac mit Hinterradantrieb. Für den neuen Jahrgang hatte man die Hinterachsübersetzung von 2,73 auf 2,93:1 geändert, was den Benzinverbrauch etwas verringerte. Mit 562 Zentimetern war der Brougham immer noch das längste Produktionsauto der USA, was aber viele Karosseriebauer nicht davon abhalten konnte, den Wagen noch mehr zu verlängern. So hatten die Cadillac-Vertreter die „Presidental Limousine" in ihrem Angebot. Dieser Wagen hatte eine Länge von 679 Zentimetern, eine Breite von 191 Zentimetern und eine Höhe von 151 Zentimetern. Das Auto war 2.676 Kilo schwer und bot acht Personen Platz.

Obwohl die damals gangbaren Cadillac-Linien beibehalten wurden, erhielt der Eldorado 1988 eine neue Karosserie. Neu waren der Bug bis zur Windschutzscheibe und das Heck mit dem Kofferdeckel. Neu war natürlich auch der 4,5-Liter-Motor, der den Wagen sparsamer machen sollte. Im August 1986 hatte man mit den Entwürfen für die neue Karosserie begonnen. Schon nach 55 Wochen konnten die Wagen aus dem Hamtramck Assembly Center rollen. Aber nicht nur die Karosserie und der Motor waren neu, auch das Interieur hatte man überarbeitet. Die hinteren Sitze waren bequemer geworden. Sie boten den Passagieren einen besseren seitlichen Halt. Im Armaturenbrett saßen nun Digitalinstrumente sowie das „Cadillac Driver Information Center", eine Art von Bordcomputer, der permanent Auskunft über Außentemperatur, Datum, Uhrzeit, gelegentlich über schlecht geschlossene Türen und über den Stand der Scheibenwaschflüssigkeit erteilte.

1988 wog der Eldorado 1.550 Kilo. Deshalb war der 155-PS-V8-Motor imstande, den Wagen auf eine Höchstgeschwindigkeit von 190 km/h zu bringen und von 0 auf 100 km/h in 9,9 Sekunden zu beschleunigen. 1976 hatte der Eldorado noch ein Gewicht von 2.375 Kilo gehabt, der 8,2-Liter-V8-Motor hatte all seine 193 Pferdestärken nötig, um die 100-km/h-Grenze in 11,7 Sekunden zu erreichen.

1988 verlangte Auto Becker, Importeur für Cadillac in Düsseldorf, den stolzen Preis von 139.500 Mark für den Cadillac Allanté. Auch in Amerika war der Wagen mit 56.533 Dollar nicht gerade billig: Ein Corvette war bereits für 29.480 Dollar zu haben, während der Mercedes 560 SL gegenüber dem Allanté nur 4.597 Dollar mehr kostete. Der Absatz war denn auch bedeutend kleiner, als man erhofft hatte. Im Frühjahr 1988 mußte die Produktion des Cabriolets sogar für zehn Wochen stillgelegt werden.

Für Cadillac hatte das keine großen Auswirkungen, aber für Pininfarina bedeutete es eine kleine Katastrophe.

Viel geändert hatte man am Allante für 1988 nicht. Die Kopfstützen waren bequemer, und durch ihre Neugestaltung wurde die Sicht nach hinten besser. Der amerikanische Kunde hatte nun die Wahl zwischen einem „amerikanischen" Armaturenbrett mit Digitalanzeigen und einem „europäischen" mit Rundinstrumenten. Im Gegensatz zu den anderen Cadillac wurde der Allanté noch mit seinem ursprünglichen 4,1-Liter-Motor geliefert.

Der Allanté war zuerst nur in Perlweiß, Silbermetallic und Goldmetallic erhältlich gewesen. Für 1988 hatte man drei neue Farben eingeführt: Rot, Schwarz und Graumetallic. Die Farbe des Lederinterieurs blieb Dunkelrot oder Braun.

Die Qualität des Allanté war „Cadillac". Jeder Motor mußte 48 Stunden auf einem Dynamometer gelaufen sein, die elektrischen und elektronischen Teile wurden achtmal auf ihre Funktionstüchtigkeit hin überprüft. Bevor man einen Wagen auslieferte, mußte er einen 40-Kilometer-Test absolvieren. Neben dem Testfahrer saß dann ein Techniker, der eventuelle Fehler notierte.

Normalerweise wurden Personenwagen

per Zug oder Lastwagen vom Werk zu den Vertretern transportiert. Für den Allante waren spezielle geschlossene Lastwagen entworfen und gebaut worden, so daß man sicher sein konnte, daß unterwegs nichts passierte.
Cadillac hatte einen Garantie-Versicherungsplan für den Allanté ausgearbeitet. Er umfaßte folgende Punkte:
1. Sieben Jahre oder 160.000 km Garantie auf alle mechanischen Teile.
2. Eine direkte Gratis-Telefonverbindung zur Fabrik, falls der Kunde Hilfe oder Informationen brauchte.
3. Gratis-Mietwagen, wenn der Allanté für Servicearbeiten in der Garage stand.
4. Dreimal kostenfreien Service inklusive Ölwechsel und Chassisschmierung.
5. Sieben Jahre oder 160.000 Kilometer Rostgarantie auf die Karosserie.
In der Bundesrepublik Deutschland fuhren am 1. Juli 1989 laut Statistik 29.755.477 Personenwagen, eine Zahl, die man sich in den 70er Jahren nie hätte träumen lassen. Am 1. Juli 1979 hatte man noch 22,54 Millionen PKW gezählt, Mitte 1985 waren es 25,85 Millionen gewesen, und am 1. Juli 1988 war eine Zahl von 28.878.220 gemeldet worden. Innerhalb von zwölf Monaten hatte der Bestand also drastisch zugenommen, und der Trend hielt an. Sogar die Zahl der amerikanischen Fahrzeuge nahm zu, und einige davon werden wohl Cadillac gewesen sein. Für die Automobilindustrie wurde 1989 zum Rekordjahr. Es wurden weltweit über 35 Millionen Autos gebaut. 9,1 Millionen kamen aus Japan und 6,8 Millionen aus den USA. Die Bundesrepublik produzierte 4,4 Millionen Stück und lag damit auf dem dritten Rang. Bei Cadillac baute man 293.604 Autos. Das Angebot umfaßte den Seville, den De Ville, den Fleetwood Brougham, den Eldorado und den Allanté. Die Seville wurden praktisch unverändert ins neue Produktionsjahr übernommen, was man von der De-Ville-Serie nicht sagen konnte. 1989 feierte der Cadillac de Ville seinen 40. Geburtstag. Vierzig Jahre zuvor war er als zweitüriges Hardtop-Coupé auf den Markt gebracht und seitdem als Coupé oder Sedan in 4,6 Millionen Exemplaren verkauft worden. Zum Geburtstag erhielt die Serie eine neue Karosserie. Das Coupé de Ville wurde mit einer Länge von 515 Zentimetern um 16 Zentimeter länger als 1988, und der Sedan de Ville war mit 523 Zentimetern um elf Zentimeter gewachsen. Dieser Platzgewinn kam wieder dem Beinraum für die hinteren Passagiere zugute. Im Februar 1989 erschien das Coupé de Ville in einer „Spring Edition", die sich vom normalen Coupé in Kleinigkeiten wie einem „Cabriolet Roof", einem Vinyldach, das aussah, als ob man es öffnen könnte, unterschied.
Auch der Fleetwood Sedan war gewachsen. Man hatte den Radstand um acht Zentimeter verlängert. Das Resultat war eine Längenzunahme um 23 Zentimeter. Hinten im Wagen saß man wie ein Fürst. Dort standen nicht weniger als 109 Zentimeter für die Beine zur Verfügung.
1989 wurde der Fleetwood auch wieder als Coupé gebaut. Der neue Wagen war geräumig genug für sechs Erwachsene. Selbstverständlich war er auch mit dem 4,5-Liter-V8-Motor mit digitaler Benzineinspritzung ausgestattet. Innerhalb von zehn Sekunden beschleunigte das Coupé von 0 auf 100 km/h. Dafür sorgte das Bremssystem mit Scheiben vorne und Trommelbremsen hinten sowie ABS für eine entsprechend gute Verzögerung. Eine elektronische Niveauregulierung garantierte, daß der Wagen, wenn der Kofferraum überladen war, nicht in die hinteren Federn sackte.
Beim Fleetwood Sixty Special Sedan machten vor allem die Sitze einen sehr guten Eindruck. Giorgetto Giugiaro, der berühmte italienische Designer, hatte das Interieur entworfen, und amerikanische Facharbeiter hatten die Sitze aus supergeschmeidigem Leder zusammengenäht. Das Armaturenbrett und die Türen waren mit amerikanischem Nußbaumholzfurnier verkleidet.
Auch der Cadillac Brougham war nicht unbemerkt ein Jahr älter geworden. Zwar hatte er als einziger Cadillac immer noch

Äußerlich änderte sich 1989 der Allanté kaum. Das Interieur jedoch wurde erheblich verbessert.

Der Eldorado teilte auch 1989 die Bodengruppe mit dem Seville.

Der „Northstar"-Motor von 1992 hat vier obenliegende Nockenwellen und 32 Ventile. Er leistet 295 PS.

den Hinterradantrieb, dafür hatte man ihm aber einen Facelift verpaßt.

„LC 7" hieß der Motorentyp, den man bisher in den Allanté eingebaut hatte. 1989 nannte man den V8-Motor „LQ 6". Er leistete nun 200 PS und unterschied sich von seinem Vorgänger wie folgt:

	LC 7	LQ 6
HUBRAUM (cm^3)	4.087	4.467
BOHRUNG x HUB (mm)	88 x 84	92 x 84
KOMPRESSION	8,5:1	9,0:1
LEISTUNG (PS bei U/min)	172/4.300	203/4.400
DREHMOMENT (Nm bei U/min)	319/3.200	366/3.200

Es war der stärkste Motor, den Cadillac seit 15 Jahren gebaut hatte. Er erschien zusammen mit einem verstärkten Getriebe exklusiv im Allanté. Neu war auch die Achsübersetzung, die von 2,95:1 auf 3,21:1 verkürzt wurde. Der Wagen erreichte nun eine Spitze von mehr als 210 km/h und hatte eine Beschleunigung von 0 auf 100 km/h in 8,5 Sekunden.

Die ersten Allanté waren mit 225/60-VR15-Reifen bestückt gewesen, den Wagen von 1989 erkannte man an der Reifengröße 225/55 VR16. Die Bremsanlage mit Scheiben (vorne belüftet) an allen Rädern und integriertem, serienmäßigem Antiblockiersystem Bosch-ABS-III blieb ohne Änderungen. Dafür wurden aber die Servolenkung und die Stoßdämpfer, die sich manuell in drei Stufen weich, mittel oder hart einstellen ließen, dem höheren Leistungsniveau angepaßt.

Auch das Interieur hatte man verfeinert. Die Sitze waren mit einer noch besseren Lederqualität bezogen, die elektrischen Fensterheber waren neu konstruiert worden, und auf dem Armaturenbrett leuchtete eine Warnlampe auf, wenn das Motorenöl mehr als 7.500 Meilen (12.000 km) seine Dienste getan oder an Qualität verloren hatte. Auch 1989 stand das Eldorado-Coupé auf der gleichen Bodengruppe wie der Seville. Der Radstand betrug 275 Zentimeter und die Gesamtlänge ganze 486 Zentimeter. Im Februar 1989 erhielt die luxuriösere Ausführung, der Eldorado Biarritz, Konkurrenz aus dem eigenen

Haus. Der „Eldorado Spring Special" wurde vorgestellt. Wie beim Coupé de Ville sah das Vinyldach aus, als wäre es ein Cabriolet-Verdeck, und die Schriftzüge waren vergoldet. Auch die Aluminiumräder wurden vom Coupé de Ville übernommen.

„Solitaire" nannte Cadillac den Traumwagen, mit dem die Zuschauer des Genfer Salons 1989 zum Stand gelockt wurden. Wie schon am Anfang des Jahres auf der „North American International Auto Show" von Detroit bestaunte das Publikum das neue Auto, denn es hatte wirklich nicht mehr viel mit den bisherigen Cadillac gemeinsam. Die Techniker von Lotus hatten den Amerikanern geholfen, den Wagen zu entwickeln. Angetrieben wurde der Solitaire durch einen V12-Motor mit vier obenliegenden Nockenwellen. Die Türen wurden mit Infrarot-Fernsteuerung elektrisch geöffnet und geschlossen und hatten spezielle Scharniere, die sich nach außen und vorne bewegten. Die Windschutzscheibe erstreckte sich von der Motorhaube bis zum Überrollbügel in der Dachmitte und verfärbte sich dunkel, wenn die Sonne darauf schien. Sie war aus Sicherheitsglas gefertigt.

Der Luftwiderstandsbeiwert betrug nur 0,28 – ein guter Wert, den man durch die außergewöhnliche Kotflügelkonstruktion erreichte. Die vorderen Kotflügelverkleidungen bewegten sich nämlich nach außen, wenn man die Räder einschlug, und wurden wieder bündig bei der Geradeausfahrt.

1990 wurde für die amerikanische Autoindustrie ein katastrophales Jahr. Noch nie seit 1983 hatte man so wenig Autos verkauft. Ford mußte sogar mit einem Verlust von 2,3 Milliarden Dollar abschließen. Detroit produzierte knapp sechs Millionen Personenwagen, während die Japaner mehr als 10 Millionen auf die Straßen brachten. 2,6 Millionen stammten aus den verschiedenen General-Motors-Werken. Cadillac war daran mit einer Produktion von 253.000 Stück beteiligt. „Mehr Dampf" war Slogan von Cadillac für 1990: Außer dem Allanté profitierten alle Modelle von stärkeren Motoren. Der Seville, der Sixty Special, der Eldorado, die De-Ville- und die Fleetwood-Serien verfügten nun über 183 statt 155 PS. Die Leistungssteigerung wurde erzielt, indem das Kompressionsverhältnis von 9:1 auf 9,5:1 erhöht wurde. Der große Brougham, der bis dahin nur mit einem 142 PS starken 5-Liter-V8-Motor bestellt werden konnte, war jetzt auch mit einem 5,7-Liter-V8-Motor und 172 PS erhältlich. Damit erreichte das Zweitonnen-Gefährt eine Spitze von 190 km/h.

Mit Sonderpreisen versuchte Cadillac 1990, Kunden anzulocken. „Vom 3. April bis zum 31. Mai 1990 können Sie beim Kauf eines Eldorados oder Seville 2.000 Dollar einsparen, beim Kauf eines De Ville, Fleetwood oder Brougham 1.500 Dollar", warb das Werk. Das Paradepferd, der Allanté, wurde im Preis nicht herabgesetzt, da fand man einen anderen Lockvogel. Bei einer Umfrage hatte Cadillac festgestellt, daß die Allanté-Besitzer das mitgelieferte Hardtop kaum verwendeten. Es stand in der Garage und störte dort mehr, als daß es Freude bereitete. Der 1990er Allanté wurde deshalb in zwei Ausführungen angeboten: mit Hardtop für 56.533 Dollar und ohne für 50.900 Dollar – eine happige Preisdifferenz von 5.633 Dollar also. Außerdem erhielt der Käufer mehr für sein Geld als im Jahre zuvor, denn der Allanté erschien nun als erster Amerikaner mit einer Antriebsschlupfregelung, die das Durchdrehen der angetriebenen Vorderräder verhinderte. Für diese technische Neuerung verlieh die bekannte amerikanische Zeitschrift „Popular Science" Cadillac die „Best-of-What's-New"-Trophäe.

Sonst änderte sich 1990 für den Allanté nicht viel. Es wurde ein neues Lenkrad mit kleinerem Durchmesser montiert, Cruise Control und Blinkerschalter wurden neu plaziert, die Unterseite des Armaturenbretts besser gepolstert und ein Airbag installiert – wie er sonst in allen anderen Cadillac-Modellen üblich war.

Beim Seville blieb auch alles beim alten. Allein der heizbare Außenspiegel gehörte jetzt zur Standardausführung – 1989 hatte der Käufer dafür noch extra bezahlen müssen. Auch das Coupé de Ville und der Sedan de Ville wurden unverändert weiterproduziert. Der Sixty Special war nun mit einer speziellen Windschutzscheibe erhältlich. „ElectriClear" nannte man sie. Wie der Name schon sagt, konnte eine Eisschicht von 2,5 Millimetern innerhalb von drei Minuten durch Heizdrähte entfernt werden.

Der Sixty Special, das Fleetwood-Coupé und der Sedan erhielten 1990 eine neue Lärmisolation, die sowohl das Wind- als auch das Motorengeräusch im Wageninnern verringerte. Die Fleetwoods konnten mit neuen Polsterfarben bestellt werden. Sonst waren die Neuerungen nicht erwähnenswert.

Der Brougham erschien 1990 nicht nur mit einem größeren Motor, sondern auch mit neuem Kühlergitter, neuen Halogenscheinwerfern und neuen Stoßstangen. Neu war auch das ABS von Bosch, das nun in den Brougham zur Standardausrüstung gehörte. Das Vinyldach war in zwölf verschiedenen Farben erhältlich, und die Wahl der Außenfarben wurde durch drei weitere Farben noch schwieriger.

Abgesehen vom neuen Motor fand man beim Eldorado nur minimale Änderungen. Das Lenkrad war kleiner als 1989, die Sitze waren nochmals „verbessert" worden, es gab auch da neue Polsterfarben. Die größte Neuigkeit erschien am 22. März 1990 auf dem Markt: das Eldorado-Touring-Coupé. Es wurde eine limitierte (und deshalb begehrte) Auflage hergestellt. Die Unterschiede zeigten sich im teureren Lederinterieur, dickeren Teppichen und speziellen Außenfarben. Nachdem Cadillacs Designerabteilung einige Jahre futuristische Sportwagen als Traumwagen erdacht hatte, erschien 1990 der „Aurora", den man als Familienauto ansehen konnte. Er war eine Limousine mit Allradantrieb. Der Motor des Allanté war hier in Längsrichtung eingebaut worden.

Die De-Ville-Serie wurde 1990 optisch nicht geändert.

1990 hieß Cadillacs Traumwagen „Aurora". Er wurde durch einen Allanté-Motor angetrieben.

Wenn die Cadillac-Verkäufer 1990 nur wenig Neues anzubieten hatten, so konnten sie sich 1991 schadlos halten. Alles war neu, entweder technisch oder optisch oder beides. Die Modelle, die 1990 mit einem 4,5-Liter-V8-Motor auf die Straße geschickt worden waren, hatten nun einen 4,9-Liter-Motor mit 204 PS unter der Haube. 1988 war der Hubraum bekanntlich von 4,1 auf 4,5 Liter gesteigert worden, indem man die Bohrung von 88 auf 92 Millimeter vergrößert hatte. 1991 war der Hub an der Reihe: Er wurde von 84 auf 92 Millimeter gebracht. Dadurch entstand ein Zylinderinhalt von 4.893 cm^3.

Der 1.725 Kilo schwere Seville erreichte mit diesem neuen Motor eine Höchstgeschwindigkeit von 210 km/h und beschleunigte von 0 auf 100 km/h in neun Sekunden. Die neuen Abmessungen beim Seville waren:

	1990	1991
RADSTAND (cm)	275	282
LÄNGE (cm)	485	519
BREITE (cm)	183	189
HÖHE (cm)	137	137
GEWICHT (kg)	1.575	1.725

Im März 1991 feierte der Seville auf dem Genfer Salon mit dem Modelljahr 1992 seine Europapremiere. Auffallend war die europäische Linie des Aufbaus. Aber getreu der führenden Rolle Cadillacs auf dem Gebiet der Fahrzeugelektronik wurden nicht nur der Motor und das Getriebe von Computern gesteuert. Von der elektronisch gesteuerten Fahrwerksabstimmung über die Analog-Instrumente, die automatische Klimaanlage und das Fahrer-Informationszentrum bis zum ABS spielten die Mikroprozessoren eine wichtige Rolle.

Die neue Linie wurde akzeptiert. Sogar die Journalisten wußten nicht viel Schlechtes über den neuen Seville zu berichten. Die bekannte Zeitschrift „Motor Trend" erklärte den Seville STS zum „Auto des Jahres". Für die „Detroit Auto Show", die am 7. Januar 1991 ihre Türen öffnete, hatte Cadillac mit dem De Ville Touring Sedan ein neues De-Ville-Modell entworfen. Nachdem der Eldorado und der Seville sich in ihren Touring-Sedan-Ausführungen so gut verkaufen ließen, war diese De-Ville-Ausführung eine logische Folge. Unter der Motorhaube fand man einen quergestellten 4,9-Liter-V8 mit AC-Rochester-Benzineinspritzung und 204 PS bei 4.100 Umdrehungen. Über ein automatisches Hydra-Matic-Getriebe und ein Differential mit einer speziellen Übersetzung von 2,97:1 wurden die Vorderräder angetrieben. Die Radaufhängungen waren modifiziert und die Schraubenfedern für eine bessere und sportlichere Straßenlage verstärkt worden. CCR – „Computer Command Ride" (computergesteuertes Fahren) – nannte Cadillac das System, das die Federung der Geschwindigkeit des Wagens anpaßte. Der Touring Sedan stand auch auf speziellen Rädern. Sie waren aus Aluminium gegossen und mit P215/60R16-Goodyear-Reifen bestückt.

Der Brougham und der Eldorado wurden wie der Allanté äußerlich unverändert weiterproduziert. Nur der Eldorado erhielt den neuen 4,9-Liter-Motor. Damit erreichte das 1.570 Kilo schwere Coupé eine Spitze von 210 km/h.

Wenn schon 1990 für die amerikanische Autoindustrie als schlechtes Jahr galt, dann konnte man 1991 wirklich als katastrophal bezeichnen. Es war das schlechteste Jahr überhaupt, und die „Großen Drei" wiesen zusammen einen Verlust von 5,5 Milliarden Dollar auf, was bedeutend mehr war als die vier Milliarden Dollar aus dem Jahre 1980. General Motors verkaufte 1991 10,6 Prozent weniger Personenwagen als im Jahre 1990. Bei Ford ging der Umsatz um 12,9 Prozent und bei Chrysler um 13,3 Prozent zurück.

Bei General Motors mußte also gespart werden. Elf der 29 Fabriken für Personen- und Nutzfahrzeuge wurden vorläufig geschlossen, 74.000 Arbeitnehmer nach Hause geschickt. Obwohl man bei Cadillac mit einem blauen Auge davongekommen war, wurden auch hier im Bürobereich Leute entlassen. Insgesamt beschäftigte Cadillac 9.500 Arbeitnehmer, davon waren 7.500 in der Produktion tätig.

Ein neuer Eldorado

Bis auf den Eldorado, den Seville und den Allanté, die einen neuen Motor bekommen hatten, blieben 1992 die meisten Modelle der Palette unverändert. Der Grund, daß gerade diese Modelle aufgewertet wurden, lag darin, daß Cadillac eine neue und jüngere Käuferschicht ansprechen wollte. Bis Ende der sechziger Jahre hatte das Durchschnittsalter der Cadillac-Käufer bei 65 Jahren gelegen. 1990 lag es bei 58 Jahren. Diesen Trend wollte man jetzt verstärken.
Der Konkurrenzkampf war unerbittlich. Das zeigte sich auch in den Werbetexten, in denen man harte Worte nicht scheute. Die Nachteile der Konkurrenzmodelle wurden gnadenlos aufgezeigt, die eigenen Vorteile groß hervorgehoben. Ende 1991 war in einer Anzeige zu lesen, daß Cadillac nicht verstehen könne, wie jemand einen BMW 535i kaufen könne, wo es doch den Seville gäbe.

	CADILLAC SEVILLE	BMW 535i
PREIS (DOLLAR)	35.575	46.025
MOTOR	4,9-Liter	3,5-Liter
4-GANG-AUTOMAT	Standard	gegen Aufpreis
NIVEAUREGULIERUNG	Standard	nicht erhältlich
VERTRETUNGEN IN USA	1.603	377

Das 1992er Eldorado-Touring-Coupé, TC, hier in einer Schnittzeichnung.

David Kimble

Der 1992er Seville erreichte mit 519 Zentimetern fast seine ursprüngliche Länge von 1975.

Auf der „Detroit Auto Show" 1991 erschien der De Ville Touring Sedan. Er war sportlicher zu fahren als der normale Sedan und zudem luxuriöser ausgestattet.

Die neue Karosserie des Eldorado von 1992 war um 29 Zentimeter länger als die vom Vorjahr.

Zusätzlich war der Cadillac sowohl vorne als auch hinten in Höhe und Breite geräumiger und das auch noch bei einem geringeren Benzinverbrauch.
Aber 1992 waren Ölkrise und Benzinsparen wieder vergessen. Natürlich, das Benzin war nicht mehr so billig wie früher, aber den Cadillac-Käufer störte das wenig. Man verlangte wieder nach großen Autos, und so wuchs auch der Eldorado wieder. Seine ursprüngliche Größe erreichte er aber nicht mehr. Das Wachstum beschränkte sich auf 29 Zentimeter, wie aus folgender Tabelle ersichtlich ist:

ELDORADO	1991	1992
RADSTAND (cm)	275	275
LÄNGE (cm)	485	514
BREITE (cm)	183	189
HÖHE (cm)	135	137
GEWICHT (kg)	1.570	1.640

Die Karosserie war schöner geworden. Das Heck erinnerte an den Allanté, aber sonst hatte das Auto an Individualität nichts verloren. Der Wagen hatte nun einen Luftwiderstandsbeiwert von 0,33 statt 0,38, und trotz höheren Gewichts blieb der Benzinverbrauch konstant.
Auch beim neuen Eldorado mit Vorderradantrieb saß der 4,9-Liter-V8-Motor wieder quer unter der Motorhaube. Mit einer Achsübersetzung von 2,97:1 erreichte der Eldorado eine Spitze von 180 km/h. Die TC-Ausführung (Touring Coupé) war mit der 3,33:1-Übersetzung 210 km/h schnell. Der für amerikanische Autobahnen entworfene Wagen war aber auch in Europa kein Verkehrshindernis. Im Gegenteil: Bis etwa 65 km/h verlieh das Computer-Command-Ride-System dem Wagen die typisch amerikanische weiche Federung, bei sportlicher Fahrweise oder ab 100 km/h wurde sie automatisch straffer und härter.
Cadillac war Sponsor des Segelschiffs „Stars and Stripes" im America's Cup, und so wurde am 1. März 1992 ein neues Eldorado-Modell, mit dem Namen „Stars and Stripes" vorgestellt. Die limitierte Serie betrug nur 1.200 Stück. Der Wagen unterschied sich vom normalen Coupé durch seine metallicschwarze Lackierung, Spezialräder und „Stars and Stripes"-Schriftzüge auf der Karosserie. In Amerika wurde dieser Wagen für 34.370 Dollar verkauft.
Vom Allanté hatte Cadillac niemals die erhofften Produktionszahlen von 7.000 bis 8.000 Stück pro Jahr erreichen können. In den besten Jahren lagen sie zwischen 3.800 und 3.900. 1991 waren knapp 3.000 Autos produziert worden. Der Allanté hatte Cadillac aber doch einen Imagegewinn gebracht. Cadillacs Präsident John Grettenberger behauptete gar, daß man nie mit einem finanziellen Gewinn gerechnet hatte. Um den Verkauf wieder anzukurbeln, erschien das Auto im Januar 1992 auf der „Detroit Auto Show" mit einem wirklich neuen Motor, dem „Northstar 32 Valve". Der V8-Motor hatte einen Hubraum von 4.565 cm^3 und eine Leistung von 295 PS bei 5.600 Umdrehungen. Das Kompressionsverhältnis von 10,3:1 erinnerte an alte Zeiten, aber die vier obenliegenden Nockenwellen und die vier Ventile je Zylinder zeigten modernste Technik. Um diese gewaltigen Kräfte ohne Reibungsverluste auf die vorderen Räder zu bringen, wurde das elektronische Schlupfregelsystem verfeinert und ein neues automatisches Hydra-Matic-Getriebe eingebaut. Dieses Getriebe

Für 1993 wurde die „Stretched Limousine" entworfen. Das mehr als sieben Meter lange Gefährt erfreut sich vor allem in Japan einiger Beliebtheit.

hatte als Besonderheit zwei Ölpumpen, wobei die größere bei langsamer Fahrt ausgeschaltet wurde. Die Hinterradaufhängung war neu entworfen worden. Die Stoßdämpfer wurden mit einem schnellschaltenden elektronischen Verstellsystem – RRS (Road Sensing System) – versehen, so daß bei allen Fahrbedingungen ein Optimum an Komfort gewährleistet war. Die Karosserie blieb weitgehend unverändert, nur der Frontspoiler gewann etwas an Größe. Die Aluminiumräder waren neu gestylt. Das Verdeck mußte aber auch 1992 von Hand auf- und zugemacht werden. Als am 24. Mai 1992 das berühmte 500-Meilen-Rennen von Indianapolis startete, wurde die Meute der Rennwagen von einem Allanté-Pacecar angeführt. 250.000 Zuschauer auf dem berühmten ovalen Circuit sahen den Wagen live, und man errechnete, daß etwa 40 Millionen Fernsehzuschauer dieses Rennen verfolgt haben. Kann man sich eine noch bessere Reklame vorstellen? Doch es half alles nichts mehr. Im November 1992 beschloß die Konzernführung des krisengeschüttelten Mega-Unternehmens General Motors, per Sommer 1993 die noch immer völlig unrentable Produktion des zweisitzigen Cabriolets einstellen zu wollen. Cadillac Allanté – ein Auto-Schicksal.

Im April 1992 erschien ein Nachfolger für die mächtige Limousine Brougham. Fünfzehn Jahre lang waren an der Grundform nur kleinere Änderungen vorgenommen worden. Es war also kein Luxus, wenn das Paradepferd von Cadillac nun in einer Neuauflage auf den Markt kam.

Dieser Brougham des Modelljahres 1993 erschien als Fleetwood und als Fleetwood-Brougham. Der „kleine" Fleetwood wurde dafür aus dem Programm gestrichen. Der Brougham war wieder die Luxus-Version und hatte unter anderem ein mit Vinyl bezogenes Dach, spezielle Aluminiumräder und eine 3,08:1-Hinterachsübersetzung. Der Fleetwood ist mit einer Länge von 573 Zentimetern der größte Produktionswagen Amerikas, auch seine übrigen Abmessungen sind mit „maximal" zu bezeichnen:

FLEETWOOD/FLEETWOOD BROUGHAM 1993	
RADSTAND (cm)	309
SPUR (cm)	157/154
LÄNGE (cm)	573
BREITE (cm)	198
HÖHE (cm)	146
GEWICHT (kg)	1.980

Der 5-Liter-Motor wird 1993 nicht mehr eingebaut – dafür der 188 PS starke 5,7-Liter-V8, der wie gewohnt über ein Viergang-Hydra-Matic die Hinterräder antreibt.

Der Brougham war im Nahen Osten und in Japan schon immer ein beliebtes Auto, wo er vor allem als Chauffeur-Limousine gefahren wurde. Amerikanische Karosserie-Spezialisten, die aus den Brougham enorme sieben- und achtsitzige Wagen zauberten, machten solch gute Geschäfte, daß sich Cadillac 1993 entschließt, eine

1993 BIETET CADILLAC FOLGENDE MODELLE AN:
ALLANTÉ (läuft im Sommer aus)
COUPÉ UND SEDAN DE VILLE
SIXTY SPECIAL
SEVILLE UND SEVILLE TOURING SEDAN
ELDORADO, ELDORADO TOURING UND
ELDORADO SPORT COUPE
FLEETWOOD UND FLEETWOOD BROUGHAM

eigene „Streched Limo" auf den Markt zu bringen. Das Gefährt hat eine Länge von 725 Zentimetern und einen Radstand von 461 Zentimetern.

Der De Ville, der Sixty Special und der Seville werden ausschließlich mit dem schon bekannten 4,9-Liter-V8-Motor geliefert. Die Fleetwoods kommen mit dem 5,7-Liter-Motor. Die übrigen Modelle, der Seville Touring Sedan und die Eldorados, erhalten den neuen Northstar-Motor mit 32 Ventilen. Dieser Kraftprotz leistet 295 PS bei 6.000 Umdrehungen. Die Ausnahme bildet das Eldorado Sport Coupé, das von 273 Pferdestärken vorangetrieben wird. Der sechssitzige Sedan und das Coupé de Ville haben ebenso wie der Sixty Special ein neues Kühlergitter. Beim Sixty Special wurden aber auch das Interieur und speziell die Sitze verbessert.

Die Cadillac-Szene
Produktionszahlen von 1902 - 1991

Rush hour in Abu Dabi Ende der 50er Jahre? Aber nein – die Garage der Cadillac-Spezialisten Müller & Hensel in Hachenburg im Westerwald, Germany.

Wo kann man einen Cadillac in natura sehen, in Aktion erleben oder gar kaufen? Als erster Schritt empfielt sich ein Besuch des **AvD Oldtimer Grand Prix auf dem Nürburgring**, der am zweiten Wochenende jeden August in der Eifel über die Bühne geht. Hier treffen sich Oldtimer, Klassiker und Liebhaber-Autos jüngeren Datums aus ganz Deutschland und halb Europa, darunter auch ein, zwei Hände voll Cadillac. Näheres beim Automobilclub von Deutschland in 6000 Frankfurt/Main 71, Lyoner Straße 16, Telefon 069-660 60.

Viel größer ist die Cadillac-Dichte bei einem Treffen der Markenclubs. Hier wird man als interessierter Enthusiast in der Regel gerne gesehen, solange man sich höflich im Hintergrund hält und die dumme Angewohnheit unterdrückt, jedem schönen alten Auto aufs Blech zu klopfen.

Classic Cadillac Club Deutschland e.V., Harald Dorsch, Oberer Geisberg 17a, W-8701 Reichenberg;

Cadillac Club Switzerland, Hermann Jakob, Steinerstraße 8, CH-9052 Niederteufen, Telefon 0041-7133-2947.

Wer allen Ernstes damit liebäugelt, sich zumindest fünf Meter Auto in die Garage zu stellen, der kommt um eine Pilgerfahrt in das Städtchen Hachenburg im Westerwald nicht umhin. Die Spezialisten von Müller & Hensel gelten in Deutschland als Erste Adresse in Sachen Cadillac. An die hundert Exemplare stehen hier permanent zur Besichtigung bereit, notfalls auch für eine Probefahrt und zum Kauf. Den Schwerpunkt bilden die populären Modelle aus den 50er, 60er und 70er Jahren. Zu empfehlen ist diese Adresse auch jedem, der einfach nur mit kompetenten Leuten über Cadillac plaudern will.

Dipl.-Ing. Müller & Hensel, Nisterstraße 4, W-5238 Hachenburg/Westerwald, Telefon 02662-7022, Telefax -2918.

Die größte Cadillac-Sammlung Europas lädt in einem Schloß im französischen Ort Saint-Michel an der Loire, 28 Kilometer von Tours, zum Besuch ein. 50 ausgesuchte Exemplare hat Robert Keyaerts aus aller Welt zusammengetragen. Nach dem Ableben des Industriellen wurde die Sammlung 1991 von den beiden Töchtern der Öffentlichkeit zugänglich gemacht.

Le Musee Cadillac Robert Keyaerts im Chateau de Planchoury in Saint-Michel Sur Loire, 37130 Langeais, Frankreich, Telefon 0033-4796-8152, Telefax -5198. Vom 1. Februar bis zum 30. Dezember ist das Museum täglich von 10 bis 18 Uhr geöffnet. Von September bis Mai ist jeden Dienstag Ruhetag.

1902	3
1903	2.497
1904	2.457
1905	3.942
1906	3.559
1907	2.884
1908	2.377
1909	7.868
1910	10.039
1911	10.071
1912	12.708
1913	17.284
1914	7.818
1915	20.404
1916	16.323
1917	19.759
1918	12.329
1919	19.851
1920	19.790
1921	11.130
1922	22.021
1923	22.009
1924	17.748
1925	22.542
1926	27.340
1927	34.811
1928	41.172
1929	36.598
1930	22.559
1931	15.012
1932	9.153
1933	6.736
1934	11.468
1935	23.559
1936	28.479
1937	45.223
1938	27.613
1939	38.520
1940	40.245
1941	59.572
1942	2.873
1943	kriegsbedingter
1944	Produktionsausfall
1945	1.142
1946	28.144
1947	59.436
1948	66.209
1949	81.545
1950	110.535
1951	103.266
1952	96.850
1953	103.538
1954	123.746
1955	153.334
1956	140.873
1957	153.236
1958	125.501
1959	138.527
1960	158.941
1961	148.298
1962	158.528
1963	164.537
1964	154.603
1965	196.595
1966	205.001
1967	213.161
1968	210.904
1969	266.798
1970	152.859
1971	276.560
1972	277.251
1973	307.698
1974	230.649
1975	278.404
1976	312.845
1977	369.254
1978	350.761
1979	345.831
1980	203.991
1981	259.135
1982	246.602
1983	308.537
1984	328.418
1985	326.548
1986	316.091
1987	272.486
1988	265.687
1989	293.604
1990	252.456
1991	225.469